朝日池・鵜ノ池の野鳥

はじめに

　朝日池・鵜ノ池は、高田平野の北部に位置する湖沼です。朝日池は正保3年（将軍徳川家光の時代）に新田開発にともない造成された農業用ため池で、全国ため池百選のひとつです。鵜ノ池は朝日池と同様、日本の重要湿地500に選ばれています。これらの池には、天然記念物のマガンやヒシクイ、希少ガン類であるハクガンやカリガネ、多くのカモ類が越冬するため、日本でも有名な探鳥地です。上越鳥の会は、昭和62年に設立し、朝日池・鵜ノ池に生息する鳥類の種数や個体数など基礎的な生態調査を継続してきました。この本は、その集大成です。

　この本の目的を私たちは三つ設定しました。一つめは探鳥地として朝日池・鵜ノ池を訪れた方への野鳥観察のガイドとなる資料を提供すること。二つめは朝日池・鵜ノ池周辺にすむ小中学生と指導者の先生方がこれらの池を学習する際の資料を提供すること。三つめは朝日池・鵜ノ池のこれまでの観察、調査の結果を整理し、記録として残すことです。朝日池・鵜ノ池の周辺には、たくさんの野鳥が生息しますが、この本では池を利用する水鳥やワシやタカの仲間に焦点を当てました。

　朝日池・鵜ノ池を利用するガンやカモの仲間の多くは、秋に繁殖地のシベリアから渡来し、なぜか雪の多いこの地で越冬します。上越鳥の会の初代代表の故中村登流先生（上越教育大学名誉教授）は、「雪国上越の鳥」の本の中で「しばしば渡り鳥でさえ、この季節（冬）に錯覚し、故郷の幻をみる。雪の幻想こそが、上越地方の鳥の特徴だろうとさえ思えてくる」と書いています。それぞれの鳥の繁殖地に思いをはせながら、厳冬期に生きる朝日池・鵜ノ池の鳥たちを見てください。この本がその一助になれば幸いです。

上越鳥の会代表　中村雅彦

CONTENTS 目次

はじめに	1
目次	2～3
1 朝日池・鵜ノ池の位置と環境	4～7
2「秋」ガンの渡来	8～16

・マガン、ヒシクイ
・「観察ガイド」ヒシクイとマガンの見分け方
・「観察ガイド」ガンの飛行形
・ガンの行動範囲と生活
・「コラム」朝日池と砂丘

3 秋に多く見られるカモ ……………………17～21

・ヒドリガモ、ヨシガモ、オカヨシガモ、ハシビロガモ
・「観察ガイド」カモのエクリプスについて

4「冬」ハクガンの到着 ……………………22～25

・ハクガン、「観察ガイド」ガン、カモの大きさ比べ
・上越でのハクガンの越冬生活

5 その他の希少ガン類 ……………………26～28

・サカツラガン、カリガネ、シジュウカラガン、コクガン
・「コラム」消えた潟湖

6 ハクチョウのなかま ……………………29～33

・オオハクチョウ、コハクチョウ
・「観察ガイド」ハクチョウの見分け方
・「コラム」上吉野池のハクチョウ

7 冬に多くみられるカモ ……………………34～41

・オナガガモ、トモエガモ
・マガモ、コガモ
・キンクロハジロ、ホシハジロ、スズガモ、オシドリ
・ミコアイサ、カワアイサ、ウミアイサ、
・ホオジロガモ、アメリカヒドリ

8 その他の水鳥 ……………………42～47

・オオバン、カワウ、ハジロカイツブリ、クロハラアジサシ
・ユリカモメ、ウミネコ、オオハム
・「観察ガイド」雪や泥の上の足跡
・「コラム」地引網と朝日池の魚類

フィールドガイド 朝日池・鵜ノ池の野鳥

⑨ワシ、タカ、ハヤブサのなかま ……………………………48～55
　・オジロワシ、ミサゴ
　・トビ、ノスリ、チュウヒ、ハイイロチュウヒ
　・オオタカ、ハヤブサ、チョウゲンボウ、コチョウゲンボウ
　・「観察ガイド」ワシ、タカの飛ぶ姿

⑩朝日池・鵜ノ池にやってきた珍しい鳥 ……………………56～58
　・ヘラサギ、コウノトリ、ムラサキサギ
　・サンカノゴイ、レンカク、シロハラクイナ
　・メジロガモ、アカツクシガモ、ズグロカモメ

⑪「春」冬鳥たちの旅立ち …………………………………59～61
　・池のまわりに集まる鳥たち
　・「コラム」鵜ノ池のミツガシワ

⑫「夏」池で繁殖する水鳥たち ……………………………62～67
　・バン、カルガモ、カイツブリ、カンムリカイツブリ
　・「コラム」水辺を彩る花々

⑬水辺に集まるサギのなかま ………………………………68～73
　・アオサギ、ダイサギ、チュウサギ、アマサギ、コサギ
　・「観察ガイド」よく似たサギを比べると
　・「コラム」池のチョウやトンボ

⑭池に現れるシギ・チドリのなかま ……………………………74～79
　・トウネン、ハマシギ、タカブシギ、クサシギ
　・アオアシシギ・イソシギ、ツルシギ、ヒバリシギ、
　　タシギ、ムナグロ
　・コチドリ、タゲリ、セイタカシギ
　・「コラム」鵜ノ池と丸山古墳

野鳥ごよみ …………………………………………………80～81
朝日池・鵜ノ池野鳥のリスト ……………………………………82～85
用語解説 ……………………………………………………………86
おわりに ……………………………………………………………87

この本にはたくさんの写真が使われています。撮影者名は略号で示し、写真の下の（　）内に記しました。撮影者と略号は88ページをご覧下さい。略号のない写真は曽我茂樹さんの写真です。専門用語には＊をつけ、86ページに解説をつけました。

1 朝日池・鵜ノ池の位置と環境

朝日池、鵜ノ池を含む湖沼群

　朝日池、鵜ノ池は、上越市大潟区から柿崎区にかけて連なる7つの湖沼群に含まれます。これらの湖沼は、高田平野（頸城平野）の一番北側に位置していて、海岸線に平行に北東から南西方向にきれいに並んでいます。池の南側には高田平野の田んぼが広がる一方で、北側には砂丘の上に茂る杉林や雑木林が分布しています。なお、南側の鉄道ほくほく線が通る一帯は江戸時代の新田開発によって田んぼへと姿を変えましたが、それ以前には広大な潟湖（ラグーン）が広がっていたことが記録に残っています（P28参照）。

　池だけではなく、その周りの田んぼが大切なえさ場となっており、もしこれが無くなれば、ガンやハクチョウたちはやって来なくなるだろうと考えられます。越冬地としての環境を考えた場合、周囲に広がる田んぼと湖沼群を合わせて一つの水辺の環境を形作っているとみることができます。

　さらに、これら湖沼周辺は海岸に近いため内陸部よりも積雪量は少なめです。雪におおわれる期間が短く、えさがさがしやすいことも越冬地として適している理由の一つと考えられます。

朝日池、鵜ノ池付近

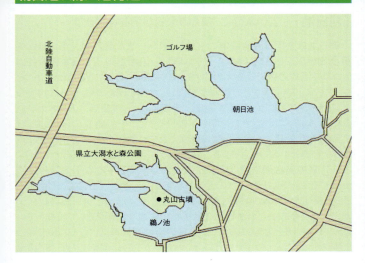

　朝日池はJR潟町駅から徒歩25分、自家用車では北陸自動車柿崎インターチェンジ、大潟スマートインターチェンジから15分ほどでアクセスできます。北側はゴルフ場、南側は田んぼに接していますが、南側にはコンクリートで堤防が築かれ、そこに沿って道路が通っており、ここから水鳥の観察ができます。なお、西側の林には通路はなく立ち入ることはできません。

　鵜ノ池の北側には県立大潟水と森公園があり、公園の散策路から湖面を観察することができます。南側にも道路がありますが農業用道路ですので農作業を優先し、マナーを守ることを忘れないようにしましょう。なお、鵜ノ池は名前に「鵜」の字が使われており、近くには他にも鵜の付く地名がいくつもあります。おそらく、昔はカワウが多く生息していたことから付けられた名前だと考えられます。

　その他の池でも水鳥が観察できます。長峰池には秋から冬、朝日池同様に多くの水鳥が集まります。池の周りに遊歩道もあり東側や西側には駐車場もあります。

朝日池・鵜ノ池の環境

「朝日池」〜広い水面に、多くの水鳥が羽を休めます〜

　朝日池は全国ため池百選の一つに選ばれ、また鵜ノ池とともに日本の重要湿地500にも選ばれています（環境省・国際湿地連合日本委員会）。7つの湖沼群の中では最大の約79haの水面をもちます。夏はヒシ（オニビシ）やハス、スイレンなどの植物が繁茂し、水面を埋めつくします。コイやフナ、ブラックバスなどの魚類が生息し、休日にはバスを目当ての釣り人が訪れます。水辺には、トンボの仲間も多数見ることができ、野鳥のみならず多くの動植物が生息する豊かな環境が保たれています。流入する川はなく、湧き水を水源とするため池であるため、ポンプにより水位調節が行われます。さらに、夏の渇水期や秋には水位が下がり、西側を中心に干潟状の岸辺が広がることがあります。秋の渡りの時期に重なると、そこに来たシギ・チドリを観察することができます。また、地図を見るとわかるように池にはいくつかの入り江があり、これが様々な動植物の生息する環境として役立っているのではないかと考えられます。また、池の全域が禁猟区になっており、秋から冬にかけてはヒシクイやマガン、ハクガン、カモの仲間をはじめ、多くの水鳥が羽を休めます。また、オジロワシやオオタカなどの猛禽類もえさを求めて飛来するのでその姿を観察することができます。

ハスの葉の浮かぶ朝日池と米山

「鵜ノ池」～池と湿地と林とが作り出す豊かな環境です～

　朝日池よりも面積は小さく、約49haの水面の中央に丸山古墳のある半島が突き出ています。北側の入り組んだ岸辺の一部にミツガシワが生育しており、春には白い花が美しく咲き、水と森公園の観察路で間近に観察することができます（P61参照）。夏は多くの水面がハスに覆われ、岸辺付近にはヨシなどの背の高い植物が繁茂します。これらの茂みには夏にはオオヨシキリがやってきてにぎやかなさえずりが聞こえます。また、岸辺の所々は湿地特有のハンノキ林があり、6～7月には美しいミドリシジミの姿が見られます。鵜ノ池の周りは池と湿地と林が組み合わさり、水鳥だけではなく林の鳥も含めた多くの野鳥の住みかとなっています。また、水辺では朝日池同様、チョウトンボ、ウチワヤンマなどのトンボの姿も多く観察できます。

　秋から冬にかけては、主にヒシクイのねぐらとなりますが、池の南側半分が狩猟可能な区域になっているためか、猟期にはカモがほとんど見られなくなります。冬季にはヒシクイの他にもコハクチョウやオオハクチョウなどの姿を見ることができます。

鵜ノ池と丸山古墳のある半島部

2 ガンの渡来

秋

池の上を飛翔するヒシクイ(朝日池)

　9月末から10月上旬、北国からガンが到着します。9月にはカモの数がしだいに増え、朝日池もにぎやかになってきますが、そこに秋・冬の主役ともいえるガンの到着です。朝日池にやってくるガンは主に2種類です。その一つはマガンで、もう一つはヒシクイです。この他に、少数ですがカリガネ、サカツラガン、シジュウカラガンなどが混ざることがあります。さらにハクガンも少し遅れて11月下旬〜12月上旬になるとやってきます。ハクガンは近年訪れる数が増え、100羽以上の年もありました(P25参照)。

水面に降りるマガン(朝日池11月)

　ガンは漢字では「雁」と書き、カリとも読みます。鳴き声を聞いているとマガンの高い声は「カリカリ」と聞こえることがあります。また、ヒシクイの「ガワワン」という声は「ガン」と聞こえ、鳴き声が雁の名の由来になっていることがわかります。

マガン

カモ目・カモ科
全長72cm
秋・冬
環境省レッドリスト
準絶滅危惧種

朝日池に降りたマガンの群れ（朝日池11月）

　朝日池・鵜ノ池にやってくるガン類の中で、最も数が多いのがマガンです。最大時で3000羽以上もの大群になります。体はカモよりも大きく、ヒシクイと比べると一回り小型です。くちばしの付け根から額にかけての白い色が特徴です。群れを観察していると、この白い部分が無い鳥や面積が小さい鳥も見られますが、これは若い鳥です。腹の部分に黒い横斑模様がありますが、よく見るとこれにも違いがあります。若い鳥ではこの黒い横斑も無かったり小さかったりします。マガンの鳴き声はヒシクイと比べて高く「キュユユ、キュユユ」や「キュワワン」と聞こえます。1日中池にいるわけではなく、夜明けとともに飛び立ち周辺の広大な田んぼにえさを探しに行きます。刈り終わった田んぼでしきりに落穂や草をむしり取るように食べる様子が観察できます。また、雪が積もった中でも、わずかに地表がでているところでえさを探す様子が観察できます。

雪の田んぼでえさを探す

腹の横斑には違いがある

ヒシクイ

カモ目・カモ科
全長85cm
(亜種オオヒシクイ)
秋・冬
環境省レッドリスト
準絶滅危惧種

くちばしの先のオレンジ色が目立つ（朝日池12月）

　日本に来るヒシクイのなかまには体が大型のオオヒシクイと小型のヒシクイ、ヒメヒシクイの三つの亜種*があります。このうち朝日池に渡来するのは亜種オオヒシクイがほとんどです（よく探すと小型の亜種ヒシクイも見られるかもしれません）。体の模様はマガンに似ていますが、体が大きいことや、くちばしが黒く先がオレンジ色であること、首が長いこと、腹に黒い横斑が無いこと、などの違いを知っていれば見分けられます。ヒシクイの名前は、水草の一種であるヒシの実を食べることからつけられました。実際に朝日池でも黒くてとげのあるヒシの実を上手に食べている姿が観察できます。なお、マガンはヒシの実を食べることはありません。鳴き声はマガンよりもしわがれた低い声で「ガワワン」と鳴き、よく聞くとマガンとの違いを聞き分けることができます。池でもえさを探しますが、マガンと同じように周辺の田んぼをえさ場とします。少し湿った田んぼでくちばしを泥だらけにしながら植物を掘り出して食べている様子が観察されます。

ヒシの実を食べるヒシクイ

朝日池のヒシの実（オニビシ）

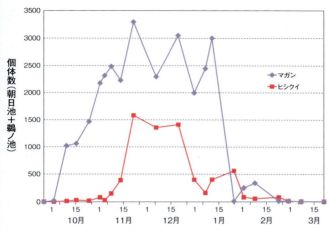

平成22〜23年における朝日池・鵜ノ池のマガンとヒシクイの個体数(YM)

　年によってヒシクイの個体数*は若干の違いはありますが、10月上旬頃に第一陣が到着し、その後数を増やしていきます。個体数はマガンの方が多く、最大で3500羽程にもなります。これに対してヒシクイ(主に亜種オオヒシクイ)は1500羽程度です。

　11月下旬から1月上旬にかけて最大となりますが、積雪によって影響を受け、年によっては12月中に大雪に見舞われ数が減少することもあります。例年1月中旬以降は積雪のため、池の水面、周辺の水田とも埋もれてしまうので数が激減します。この時期はより積雪の少ない地域へと移動するものと思われます。

池で休むガンの群れ

朝日池の上を飛ぶガンの群れ

観察ガイド ヒシクイとマガンの見分け方

まず、体の大きさに違いががあります（P23参照）。しかし、それだけではなかなか見分けるのがむずかしいときがあります。そこで、その他の見分け方のポイントをまとめてみました。

ポイント1 腹の模様の違い

飛んでいるときには、お腹の模様がポイントになります。
　　ヒシクイ…お腹に模様がない（上左写真）
　　マガン……お腹に黒い縞模様がある（上右写真）
　（ただし、マガンでも若いときはお腹に模様がありません。）

ポイント2 顔とくちばしの違い

　　ヒシクイ…くちばしは黒く、先にオレンジ色の模様（左上写真）
　　マガン……くちばしはピンク色で短い。（若鳥では黄）（右上写真）
　（マガンではくちばしの付け根から額が白色。ただし若いときにはこの白がなかったり、小さかったりします）

ポイント3 鳴き声の違い

飛びながらよく鳴きます。鳴き声は似ていますが、ヒシクイの方が低くしわがれているので、よく聞くと区別できます。
　　ヒシクイ…「グワワワン」や「ガワワン」
　　マガン……「キュユユ」や「キュワワン」

観察ガイド ガンの飛行形

カギ型に飛ぶマガンの群れ

　昔の童謡に「雁(カリ)、雁(カリ)、竿(サオ)になれ、鍵(カギ)になれ」という歌詞があります。雁はガンと読みますが、カリとも読みます。昔は、渡来するガンの数も現在よりもずっと多く、日常生活の中でガンの飛ぶ姿が普通に目に入ったのだと思います。実際に朝日池で観察していると、マガンもヒシクイも、鍵型の編隊を組んで飛んでいるところをよく見かけます。また、見ているとそれが変化して一直線の竿型に変わることもあります。これらは、飛行する際の空気抵抗を減らし、少しでも楽に飛ぶために身についている習性です。渡り鳥にとって長距離を省エネで飛ぶためには大切なことでしょう。

次々に編隊の形は変化する

一列に並んで飛ぶヒシクイ

ガンの行動範囲と生活

　マガンもヒシクイも昼の間は主に田んぼでえさを食べていますが、夜はねぐらで休みます。9月下旬頃の渡来当初は池をねぐらとはせず、海まで出て海上をねぐらとしているようです。やがて、秋が深まり10月中旬になると朝日池や鵜ノ池をねぐらとして使うようになります。夜明けとともにいっせいに飛び立ち、広い田んぼにえさを食べに出かけます。そのため日中には池にガンがいない時間帯も多くあります。ガンの生活する範囲は、およそ上の図に示した南北15kmほどのエリアですが、雪が積もってしまうと、雪の少ないところを探して移動します。朝飛び立ったガンたちは、日中は主に田んぼで過ごし、途中で朝日池に帰ってきても、しばらく羽を休めた後、再びえさを探しに飛び立って行きます。空をおおうような大きな集団が次々に降りたり飛び立ったりする様は壮観です。なお、風が強く池の水面が波立っていたり、雪で覆われたときはなかなか池には降りてきません。
　ところで、マガンは10月下旬から11月中旬にかけての短期間ですが朝日池ではなく頸城区にある新溜（矢住の池）をねぐらとして使うこともあります。地図に示すようにガンの行動範囲の周辺には多くの池がありますが、ねぐらとして使う池が決まっているのは興味深いことです。

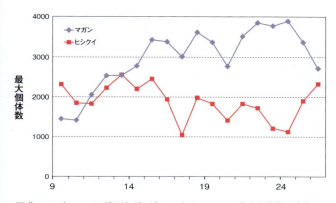

平成9〜26年における朝日池・鵜ノ池のマガンとヒシクイの最大個体数の変化(YM)
(最大個体数は、上越鳥の会の調査以外の山田個人調査の結果を含めた)

　上越地方に渡来し越冬するマガンやヒシクイ(主に亜種オオヒシクイ)は、朝日池や鵜ノ池をねぐらとします。朝いっせいにねぐらから飛び立つので、その時に数えると、総数を調べることができます。平成22年の9月から23年の3月にかけて毎月調べた結果をまとめたものがP11のグラフです。この調査を毎年続けて行うことにより、その冬の最大越冬数を知ることができます。上のグラフは平成9年〜26年にかけての、毎年のマガンとヒシクイの最大越冬数をまとめたものです。マガンもヒシクイも毎年越冬する数は一定ではなく増減があります。繁殖地の環境、上越地方の積雪や他の越冬地の環境など、様々な要因が関係していることが考えられます。平成13年頃にマガンとヒシクイの数が逆転し、その後はマガンが多くヒシクイが少ない傾向が続いています。繁殖地はもとより日本の主な越冬地でも保護活動が行われ、ガンの全体数は増えてきています。これからも上越地方にガンが渡ってくるような環境を保っていきたいものです。

朝日池を飛び立つヒシクイ

コラム 朝日池と砂丘

砂丘をつくる地層

　池の北西側はゆるやかな丘陵になっていますが、これは砂丘による地形です。砂丘は風によって運ばれた砂が積もってできます。朝日池周辺では、古い時代にできた古砂丘の上に、比較的新しい時代にできた新砂丘が重なって二層になっています。砂丘から湧き出す清水により、もともとは現在のような広い池ではなく一帯が湿地となっていたようです。そこに人の手により堤防が築かれ、湧き水をせき止めてため池が作られました。現在では朝日池にも鵜ノ池にもポンプが設置され水位の調節が行われています。二つの池は周辺に広がる田んぼのための大切な水源として役立っています。

　ところで砂丘はなだらかな丘陵を形づくっており、朝日池の北側ではゴルフ場として利用されています。また、鵜ノ池の北側は県立大潟水と森公園として整備されていて、遊歩道を散策すれば水鳥だけではなく林の鳥も観察できます。

池の周りの林でさえずるキビタキ

朝日池南岸の堤防

3 秋に多く見られるカモ

秋の朝日池には多くのカモたちが渡って来ます

　日本のカモ類の大部分は秋に北国から渡って来て、春に帰る冬鳥*です。カルガモだけは留鳥*で年中見られます。マガモ・コガモは本州中部や北海道で少数が繁殖しています。上越地域でもマガモが残って繁殖した例があります。時おりマガモとカルガモの雑種も見られることがあり「マルガモ」などと呼ばれています。

　朝日池や鵜ノ池のカモ類は、秋と春の渡りの途中に立ち寄るものも多いようです。従って朝日池・鵜ノ池はカモ類の越冬地としてだけでなく、中継地としても役立っていることになります。

　ところで、朝日池にいるカモ類の数を調べていると秋から冬にかけて種類ごとに数が変化することがわかります。その中で渡ってきた当初の秋に数が最大になるカモ（ヒドリガモ、ヨシガモなど）と、真冬の1月頃最大数になるカモ（オナガガモ、トモエガモなど）の二つのタイプがあることがわかりました。そこで、本書では秋に多く見られるカモと冬に多く見られるカモの二つに分けて紹介します。カモ類の数の変化については種類ごとの個体数の変化のグラフを参考にしてください（P19、P35、P37）。

ヒドリガモ

カモ目・カモ科
全長49cm
秋・冬・早春

オス(左)
メス(右)

(KN)

　体はコガモとカルガモの中間くらいの大きさ、オスの首と頭は茶褐色で、おでこから頭のてっぺんにかけての淡黄色(クリーム色)が特徴です。メスの頭は濃い褐色で体全体も地味ですが、よく見ると体つきや色あいがオスに似ているので、それとなく分かります。オスは「ピーユー」または「ピュー」と強く鳴くので、声からもこのカモがいることがわかります。朝日池には100羽をこえる大群で入っていることがあります。

ヨシガモ

カモ目・カモ科
全長48cm
秋・冬・早春
上越市レッドリスト
準絶滅危惧種

オス(左)
メス(右)

(KN)

　オスは色彩豊かで美しく、頭はナポレオン帽子のような形をしているのが特徴です。メスは褐色で濃い斑点があるだけの地味な彩りで、よく見ないと他のカモのメスと間違えやすいですが、くちばしや体型がオスに似ています。オスの求愛ディスプレイ*はオナガガモに似て派手な方です。最近ヨシガモの数は減ってきており、朝日池でも多くても50羽程度で、新潟県と上越市では絶滅危惧種(準絶滅危惧のランク)に指定しています。

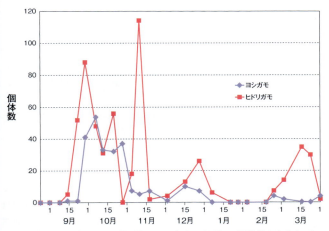

平成22〜23年における朝日池のヨシガモとヒドリガモの個体数の変化(YM)

　カモたちは9月から10月にかけてはエクリプスの状態(P21参照)で色鮮やかな姿ではありません。地味な色でみんな同じように見えますが、よく観察すると違いに気付き何種類も混ざっていることがわかります。その中で、秋に数が増えるカモがヨシガモとヒドリガモです。ヨシガモは10月に最大数となります。11月には減少し、その後あまり多くの数は見られません。ヒドリガモも似たような増減をしますが、11月や12月に多くの数が入ってくることもあります。また、春先の3月に再び増加する傾向を示しています。秋や春は、移動してきたカモたちが朝日池を通過していく時期でもあります。

ヨシガモ(左)とヒドリガモ
(朝日池10月)

オオバンとヨシガモ
(朝日池3月)

オカヨシガモ

カモ目・カモ科
全長49.5cm
秋・冬・早春

オス（手前）
メス（奥）

　中型のカモで割と地味な姿をしており、オスは全体に暗い灰褐色で、くちばしとお尻の部分が黒く、首から頭は褐色です。メスは全身褐色でよく見ないと他のカモのメスと見分けにくく、特にマガモのメスに似ていますが、体の大きさやオスとともに翼の中央付近に白い部分がある（これは飛ぶとよく目立つ）ことで分かります。小群でいることが多く、浅い池でえさをとります。朝日池に多くは渡来しないようです。

ハシビロガモ

カモ目・カモ科
全長50cm
秋・冬・早春

オス（手前）
メス（奥）

　中型のカモでオス・メスともに広いくちばしをもつのが特徴です。オスはすごくカラフルで、カモ類の中でも指折りの美しさです。えさ場として水草（特にヨシなど）やプランクトンの豊富な浅い池沼を好むので、朝日池や鵜ノ池はこのカモに適しているようです。カモ類としてはつがいのきずなが強いと言われ、ヒナがかえってもオスは付き添っていると言われます。朝日池への渡来数は多くないようです。

観察ガイド カモのエクリプスについて

　カモのオスは繁殖期*が終わると、きれいな羽の色がなくなり、まるでメスのような地味な姿に変わります。この時の羽色を「エクリプス」と言います。秋にカモが渡ってきた当初は、まるでメスばかりがいるようにも見えます。ところが冬になると段々と生殖羽*に変わっていきます。下のマガモの写真では変わっている途中の姿が見えます。マガモだけでなく朝日池にいるコガモ、オナガガモ、ハシビロガモなどほとんどの種類でこのエクリプスの様子が観察できます。

マガモ オスのエクリプス
（9月、奥の1羽）

マガモ オスの生殖羽
（12月）

ハシビロガモ オスのエクリプス
（9月）

ハシビロガモ オスの生殖羽
（4月）

秋のはじめ、オスがエクリプスのためすべてメスのようにみえる（朝日池9月）

秋が深まるとオスが生殖羽に変わっていく（朝日池2月）

4 ハクガンの到着

冬

朝日池に着水するハクガン（11月） (IM)

　11月下旬、冬の訪れとともにハクガンが到着します。ただし、その年の気候条件により渡来が遅くなることもあります。特に雪が早く降って積雪が多いと渡来しないシーズンもありました。ハクガンは近年繁殖地での保護活動が進み、個体数が回復しはじめ、しだいに我が国に渡来する数も増えてきています。しかし、まだまだ日本全体で考えれば観察できる場所は限られています。その中にあって朝日池やその周りの田んぼは貴重な越冬地となっています。山並みを背に飛ぶ姿や池の上空を群れ飛ぶ姿は多くの野鳥ファンを楽しませてくれます。

朝日池上空を飛ぶハクガン（12月）

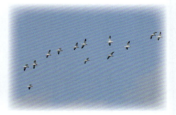

群れ飛ぶハクガン（2月）

ハクガン

カモ目・カモ科
全長67cm
秋・冬
環境省レッドリスト
絶滅危惧IA類

ハクガンの群れ
幼鳥(上2羽)
成鳥(下4羽)

体の大きさはマガンより小さく、名前のとおり体はまっ白で、オスもメスも同じ体色です。くちばしと足はピンク色で、飛んでいるときは翼の先(初列風切)の黒色が目立ちます。上の写真の中で少しくすんだ灰色をしている2羽は幼鳥*です。英名ではスノウグースですが、ちょうど上越地域で平野にも初雪の降る頃、11月下旬に渡来します。

観察ガイド ガン・カモの大きさくらべ

コハクチョウ(120cm)

マガンやヒシクイはカモのメスと同じような色をしています。また、ハクガンはハクチョウと同じように白色です。そのため、遠くにいるとわかりづらいことがあります。しかし、それぞれ体の大きさに違いがあります。

ヒシクイ
(85cm)

マガン
(72cm)

ハクガン
(67cm)

マガモ
(59cm)

大きさは、コハクチョウ・ヒシクイ・マガン・ハクガン・マガモの順番になります。比べてみるとハクガンはコハクチョウよりもずいぶん小型であることがわかります。

上越でのハクガンの越冬生活

朝日池で休むハクガン(1月)

夜明け、朝日に光るハクガン(12月)

　ハクガンも他のガンと同じように、主に朝日池をねぐらとしています。夜明けとともにマガンやヒシクイと共にえさ場である田んぼに向かって飛び立ちます。田んぼではヒシクイやマガンといっしょに草を食べている様子が見られます。日中に朝日池に戻ってくることがあるのも他のガンと同様の行動パターンです。

　積雪によってえさ場が影響を受けるため、渡来したらずっと上越の朝日池周辺で過ごすとは限りません。しばしば姿が見られなくなることがあり、過去には12月の大雪とともにいなくなり、数日後秋田県で観察されたこともありました。単純に考えると厳冬期に雪が降ればさらに南に移動するように思いますが、逆に北に向かって移動することが不思議です。ハクガンは本州では朝日池と秋田県の八郎潟付近を主な越冬地として往来しているようです。

　いずれにしろ、限られた越冬地の一つである朝日池やその周辺の田んぼがハクガンにとって安心して生活のできる環境であるよう、観察する際も十分に気を付けていきたいものです。

降る雪の中を飛ぶハクガン(2月)

朝日池に降りるハクガン(2月)

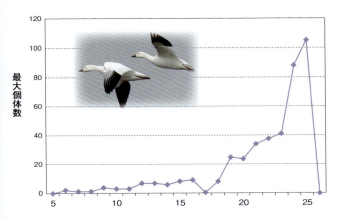

平成5～26年における上越に渡来したハクガンの最大個体数の変化(YM)

　上越で初めてハクガンが観察されたのは、平成6年12月18日のことでした。場所は頸城区下増田の水田でした。このときは幼鳥が2羽でしたが、翌平成7年と8年には成鳥*1羽が渡来し越冬しました。さらに平成9年には成鳥1羽に幼鳥3羽の家族群が渡来しました。しかも、その幼鳥の1羽には標識の足環がついていて、ロシアのウランゲリ島から来たことがわかりました。その後、毎年朝日池周辺に渡来、越冬するようになりましたが、特に平成19年には一気に25羽に増え、その後も増加を続け平成25年冬には106羽を数えました。これは「ハクガン復元計画」に基づく繁殖地での保護活動が着実に成果をあげたことを物語っています(詳しくは上越鳥の会編「雪国上越の野鳥を見つめて」をご覧ください)。平成26年の冬は早い時期の積雪があったためか上越への渡来はありませんでした。今後の推移を見守っていきたいと思います。

池に降り羽を休めるハクガンの群れ(朝日池11月)(IM)

5 その他の希少ガン類

　朝日池にはハクガン以外にも、希少なガン類が不定期に少数渡来します。これらはいずれも絶滅危惧種として環境省のレッドデータにリストアップされている鳥たちです。

サカツラガン

カモ目・カモ科
全長87cm
秋・冬
環境省レッドリスト
情報不足種

（平成22年11月・朝日池）

　ヒシクイと同じかやや大きいくらいの大型のガンです。顔の下半分が白っぽく見えるので他のガンと見分けられます。過去には日本でも毎年一定数が越冬していたそうですが、今ではまれに渡来するだけになっています。朝日池でも過去に数回記録があり、最近では平成22年冬に1羽だけが他のガンに混ざって渡来し行動も共にしていました。

カリガネ

カモ目・カモ科
全長59cm
秋・冬
環境省レッドリスト
絶滅危惧IB類

（平成21年11月・朝日池）　　(IM)

　マガンによく似ていますが、額の白色が頭の上の方まで続いていること、くちばしが短いこと、黄色のアイリングがあること、体が一回り小さいことなどが特徴です。朝日池には時々少数が渡来していますが、マガンの群れの中に混じっていて見つけるのがなかなか大変です。

シジュウカラガン

カモ目・カモ科
全長58cm
秋・冬
環境省レッドリスト
絶滅危惧IA類

(平成22年11月・朝日池)

(IM)

　大きさはマガンと同じくらいです。黒い首に白い頬が目立ちます。朝日池には、他のガンに混じって1羽がまれに訪れる程度ですが、新潟市の福島潟や佐潟付近には多数が渡来しています。ハクガンと同じように繁殖地での復元計画が進められ数が増えているようです。今後は朝日池にも大きな集団が渡来することが期待されます。

コクガン

カモ目・カモ科
全長61cm
秋・冬
環境省レッドリスト
絶滅危惧II類

(平成21年11月・朝日池)

(IM)

　シジュウカラガンに似ていますが、こちらは頬ではなく首の上部に白い模様があります。その他、体全体が黒っぽく見えることも特徴です。この鳥は北極海沿岸のツンドラで繁殖し、毎年日本に越冬に訪れますが、多くは北海道や東北地方の太平洋側です。主に海岸や河口などで生活し、朝日池には稀に1羽がやってくる程度です。

　この他にもハイイロガンが迷鳥*として昭和57年、59年、平成26年に1羽づつ渡来しています。

コラム 消えた潟湖（ラグーン）

　朝日池・鵜ノ池の南側、現在のほくほく線の線路が通っているあたり一帯に大きな潟湖（ラグーン）があったことが古い記録に残っています。このあたりの地名はもともと「大潟」ですが、この名前の由来となる広大な湖が江戸時代の初め頃までありました。ところが、江戸時代の新田開発で干拓され、この大きな湖は田んぼに姿を変えました。湖のほとりに広がるヨシ原、その上を飛ぶチュウヒ、広大な湖面に浮かぶガンやハクチョウたち、そんな光景が目に浮かぶようです。大きな潟湖は消えましたが、朝日池・鵜ノ池をはじめ、大池（頸城大池）や上吉野池など、周辺に作られたため池や広い田んぼが水鳥たちの貴重な生息環境として残っています。

鵜ノ池の南側水田上空を飛ぶガンの群れ（11月）

ハクチョウのなかま

朝日池を飛ぶコハクチョウ（12月）

　上越で越冬するハクチョウは2種類います。オオハクチョウとコハクチョウです。数はコハクチョウの方がかなり多く、朝日池や鵜ノ池でもコハクチョウが中心になります（P32グラフ参照）。多くのカモやガンが朝日池に集まり鵜ノ池にはあまり入らないのに対して、積雪の増える1〜2月、ハクチョウたちは鵜ノ池の方に多く集まることがあります。

　ハクチョウもガン類と同様に池をねぐらにし、池や周辺の田んぼをえさ場としています。そのため、昼の間は池と田んぼを行き来しています。

周辺の田んぼでえさを探す（2月）

鵜ノ池のコハクチョウ（2月）

オオハクチョウ

カモ目・カモ科
全長141cm
秋・冬

手前が成鳥
奥の2羽は幼鳥
（鵜ノ池3月）

　体の大きさは朝日池や鵜ノ池で見られるガンやカモのなかまの中で最大です。長い首や黄色いくちばしが目立ちます。朝日池では秋にはほとんど見かけることがなく、周囲に雪の積もった真冬の2月頃よく観察できます。群れの中に体の色が灰色がかった個体が見られますが、これは幼鳥です。成鳥になると白い羽に変わります。

コハクチョウ

カモ目・カモ科
全長120cm
秋・冬

（朝日池1月）

　オオハクチョウよりも、一回り小型です。しかし、前ページに述べたように見られる数はこちらの方が圧倒的に多数です。首が短い点や、くちばしの黄色い部分が小さいことなどが見分けるポイントです。体が重いため池を飛び立つときは足で水面をけり助走をつけます。また池で観察しているとお尻を上げながら水の中に長い首を突っ込んで水草などを食べる姿を見ることができます。くちばしの黒い亜種アメリカコハクチョウも時々見られます。

観察ガイド ハクチョウの見分け方

オオハクチョウ

コハクチョウ

　2種類のハクチョウは体の大きさや首の長さが違うので、下の写真のように近くにいてくれるとはっきりと見分けられます。しかし、単独でいる場合はどちらか分かりづらく感じることもあります。その際はくちばしの違いがポイントになります。まず、くちばしの黄色い色の部分に注目すると、オオハクチョウではとがった形で先端方向に伸びています。これに対して、コハクチョウでは黄色い色はくちばしの半分くらいで止まっています。また、オオハクチョウでは鼻の穴が黄色い色の部分にかかっていますが、コハクチョウでは全部黒い部分にあります。これらを手がかりに観察してみてください。

　オオハクチョウ、コハクチョウ以外に、コブハクチョウは日本には本来分布していない外来種です。朝日池周辺では過去にコブハクチョウ2羽が観察されたことがあります。これはどこかの公園で飼育されていたものが逃げ出し、たまたまやって来たものと考えられます。コブハクチョウはオオハクチョウよりも少し大きい上におでこにこぶがあるのですぐに見分けられます。

コハクチョウ（左）とオオハクチョウ（右）

コブハクチョウ（朝日池・4月）

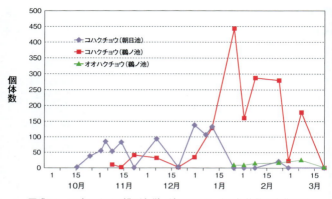

平成22〜23年における朝日池・鵜ノ池のハクチョウの個体数の変化(YM)

　グラフから分かるようにハクチョウの数が増えるのは平野部に雪が降りはじめる12月以降になります。特に数が急に増えるのは1月中旬から2月にかけてです。これは、積雪が深くなる時期と重なります。積雪にともないより北の地域や内陸にいた集団が比較的積雪の少ない沿岸部に移動してくるためだと考えられます。なお、雪が積もる時期に朝日池よりも鵜ノ池の方に集まる数が多いのはどうしてなのでしょうか。そこにも何か理由があるものと考えられます。いずれにしろ、雪がもたらす環境の変化に合わせて鳥たちはねぐらやえさ場を変えて冬を過ごしています。オオハクチョウの方はもともと上越地区に渡来する数そのものが少ないのですが、それでも毎年1月から3月にかけて20羽程度が主に鵜ノ池に入ります。

　ハクチョウたちは3月になると北国へと旅立って行きます。しかし、翼を傷めたりして飛ぶことができずそのまま居残ることがあります。平成24年の春、1羽のオオハクチョウが渡りをせずに鵜ノ池に残り、そのまま夏を過ごしました。

居残ったオオハクチョウ(鵜ノ池・5月)

コラム　上吉野池のハクチョウ

上吉野池のハクチョウ

　上吉野池は朝日池から南へ6kmほど離れた場所にあります（P28の地図を参照）。この池は上越地域でコハクチョウが多く集まる池として知られています。平成11年に初めてコハクチョウの家族が訪れ、その後地元の皆さんにより「ハクチョウを守る保倉の会」が結成されました。さらに会の努力で周辺が銃猟禁止区域に指定されたこともあり、集まる数も年々増え、グラフのように多いときは1000羽以上を数えるようになりました。コハクチョウはこの池をねぐらにし昼間は周辺に広がる水田に出かけてえさを探します。

　ところで、この池は少し海から離れているため冬の積雪は朝日池よりもずっと深くなります。そのため1月中旬を過ぎ積雪が増すとハクチョウたちも移動をすることになります。ちょうどその頃朝日池や鵜ノ池に入るハクチョウが増えてくることになります。年によって、積雪量は違いますので、鳥たちも積もる雪に合わせて生活の場所を変えていきます。

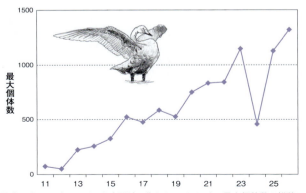

平成11年～26年における上吉野池に集まるコハクチョウの最大個体数の推移（YM）

7 冬に多く見られるカモ

オナガガモ

カモ目・カモ科
全長 オス75cm
　　　メス57cm
秋・冬・早春

オス（手前）
メス（奥）

　オスは長い尾羽をもち、それを含めてメスより大きい体をしており、後頭部の白い切れこみ模様が特徴です。メスは褐色っぽい地味な姿で尾羽も短いですが、体つきはオスに似ているので、それとなくわかります。オナガガモのオスの求愛ディスプレーは頭を高く上げて、胸をそらして大げさにするので、見ていても楽しいものです。朝日池では12月～1月にいったん増えた後、冬の終わり頃に再び多くなります。

トモエガモ

カモ目・カモ科
全長40cm
秋・冬・早春
環境省レッドリスト
絶滅危惧II類

オス（右）
（左はコガモ）

　コガモよりやや大きいくらいで、カモの中では小型の方です。オスの横顔の彩りが巴（ともえ）状に見えるところから、トモエガモの名がつけられたようで、この特徴は他のカモにないので、たやすく見分けられます。メスは体全体が褐色の地味な色で、顔の巴模様もありませんが、くちばしの基の方に白い斑点があるのが特徴です。朝日池には冬の終わり頃から春先に多く現れ、多い時は300羽以上となります。

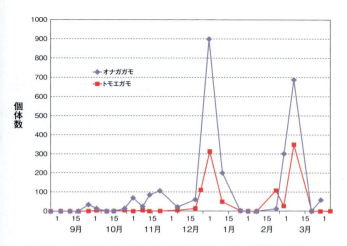

平成22〜23年における朝日池のオナガガモ・トモエガモの個体数の変化(YM)

オナガガモは9月中旬から姿を見せ始めますが、それほど数は増えません。秋に最大数となるヨシガモやヒドリガモとは傾向が異なります。12月末から1月にかけて数が増えるのは、ハクチョウと同じ傾向です。これは内陸部に雪が積もり、沿岸部に移動して来る集団が入るためだろうと考えられます。朝日池周辺に雪が積もり水面も閉ざされる1月中旬から2月上旬はオナガガモやトモエガモに限らずカモ全体の数が激減します。この時期一部のカモは海岸部に移動しているようです。水面が閉ざされても留まるハクチョウとはこの点が違っています。

池に積もった雪の上のオナガガモ(朝日池1月)

オナガガモは12月末最大数で約900羽に達し、マガモやコガモに次ぐ数になります。また、トモエガモもオナガガモと似た増減傾向で、春先には300羽以上に増え、独特の巴模様が水面に並びます。

マガモ

カモ目・カモ科
全長59cm
春(夏)・秋・冬

オス(左)
メス(右)

　オスの頭部は青緑色で、陽があたると鮮やかさを増し、こい紫色に見えることもあります。「クウェー、クウェー、クウェー」と鳴きます。朝日池には何千羽と湖面を埋め尽くすほど多くやってきます。昼は池内で休んでいて、夕方から翌朝にかけて近くの田んぼなどにえさを食べに飛び立っていきます。2月、3月にはグループディスプレーが見られ、交尾もおこなわれます。

コガモ

カモ目・カモ科
全長37.5cm
秋・冬・早春

オス(左と中央)
メス(右)

　大きさはカモ類の中では最も小型で、ハトほどの大きさです。オスは体の側面が明るい灰色で頭全体は赤褐色です。目から後方へ暗緑色の帯条があります。メスは褐色で目立たない色をしています。オスはピッツピッツとすんだ声で、メスはクエークエーと鳴きます。水に腰高に浮き、機敏に方向転換してよく泳ぎまわっています。日中は、水辺のヨシの茂みに入って休んでいることが多いです。少群でいることが多いですが、しばしば大群で一か所に集まることがあります。

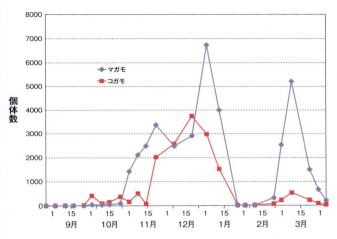

平成22〜23年における朝日池のマガモ・コガモの個体数の変化(YM)

　秋に最初に渡ってくるのはコガモです。8月下旬から鵜ノ池に姿を現しますが9月に入ると数が増え400羽ほどになります。9月中旬にはマガモをはじめ他のカモも姿を見せ始めます。10月末になるとマガモの数が1000羽をこえ、1月の積雪期の前には6000羽をこえ最大数となります。この傾向はコガモも同じで積雪期の前に最大数が4000羽ほどになります。他のカモと同じように雪に閉ざされる時期はいなくなり、雪がとけると再び数が増えます。特にマガモは5000羽以上になります。

　なお、マガモ、コガモともに少数ですが春遅くまで姿が見られ、マガモの中には夏も留まるものがいます。

朝日池に降りるマガモ(1月)

朝日池のコガモ(12月)

キンクロハジロ

カモ目・カモ科
全長40cm
秋・冬

オス
金色の目と後頭の
飾り羽が特徴

　腹部が白色で、頭、背、尾は黒、光の当たり方によって紫色にも見えます。くちばしは鉛色です。通常は群れで見られることが多いのですが、近年大きな群れをみることはなくなってきました。多くのカモの群れの中に数羽混じっていることがあります。昼は水面で休んでいることが多く、暗くなると活発に動き回ってエサをとります。水にもぐってえさをとるカモを潜水ガモと呼びますが、この鳥も貝やエビ、水生昆虫、水草などを潜水してとって食べます。

ホシハジロ

カモ目・カモ科
全長45cm
秋・冬

オス

　オスは頭が赤茶色、体が明るい灰色で、朝日池や鵜ノ池ではほかのカモ類に混じってみられます。朝日池や鵜ノ池のような湖沼や大きな河川、ダム湖などで越冬します。潜水ガモのなかまで水中に潜って水草や植物の種などを食べています。メスはほかのカモ類と同様地味な色をしていますが、オスと同じように黒いくちばしに灰色の模様があり、見分ける目印になります。

スズガモ

カモ目・カモ科
全長45cm
秋・冬

オス(左)
メス(右)

　アヒルより少し小さいです。冬鳥として少数渡来します。オスとメスで色が異なりますが、くちばしはともに灰色、目は黄色です。飛んだ時に羽は全体的に黒く、幅の広い白帯が見えます。オスは頭から胸までと尻が黒、腹は白、背は白地に細かい波状斑があるので灰色に見えます。メスは全身黒茶色でくちばしのまわりに白い羽毛があります。この鳥も潜水ガモのなかまで、えさは貝類が多く、藻類も好む雑食性です。

オシドリ

カモ目・カモ科
全長45cm
秋・冬・春
環境省レッドリスト
情報不足種

オス(左)
メス(右)

　朝日池では、主に秋から冬にかけてよく観察できます。木の穴を巣にして繁殖する習性が知られていますが、朝日池の近くの林でも繁殖しているかもしれません。通常はあまり多くの数を見ることはありませんが、秋には100羽ちかくになることもあります。オスの生殖羽*は大変美しく、他のカモに混ざっていても目を引きます。他のカモと同じようにメスはオスに比べて地味な色をしています。

ミコアイサ

カモ目・カモ科
全長42cm
秋・冬

オス
白色に黒い模様が目立つ
(KN)

　コガモとマガモの中間ほどの大きさです。オスは全体が白く、黒線の模様があり、特に目の周りが黒くパンダのように見えることからパンダガモなどと言われています。メスは頭上から後頭にかけて栗色で、顔は白く、胸と脇腹にかけては灰褐色です。秋の頃はオスもメスのような姿で目立ちませんが、冬になると次第に白い姿に変わり目立つようになります。水面に腰を沈めるように浮き、尾羽は水につけています。小群でいることが多く、水中に潜って魚やエビなどを捕ります。

カワアイサ

カモ目・カモ科
全長65cm
秋・冬

オス(右奥)
メス(左手前)
(KN)

　比較的大型のカモです。水面に浮いていると、オスでは胸から腹部の白さが目立ちます。頭部は濃い緑色、赤く細長いくちばしが目立ちます。メスの頭は褐色です。朝日池では、10羽前後の群れで行動し、いっせいに潜水してエサを捕っていることが多いです。ミコアイサの群れに混じっていることもあります。湖面が凍結していない限り、比較的よく見られるカモです。

ウミアイサ

カモ目・カモ科
全長55cm 秋・冬

　海にいることが多い鳥ですが、まれに朝日池に入ることがあります。カワアイサと似ていますが、写真のように後頭に羽毛が伸びているのが特徴です。メスでは両種とも頭が茶色で、姿が似ているので注意が必要です。

オス（左）、メス（右）

ホオジロガモ

カモ目・カモ科
全長45cm 秋・冬

　写真のとおり、オスでは頬の白色が特徴です。メスは茶色の頭で頬は白くありません。朝日池では秋から冬にかけて時々少数が姿を現す程度で、数も多くありません。

(IM)

アメリカヒドリ

カモ目・カモ科
全長48cm 秋・冬

　北アメリカ大陸の鳥ですが、一部が日本に渡ってきています。目の後ろに続く緑色がきれいです。ただし、ヒドリガモと交雑したものも多く、右の写真のオスもそれに当たると思われます。メスはヒドリガモのメスとよく似ています。

8 その他の水鳥

オオバン

ツル目・クイナ科
全長39cm
秋・冬・春

スイレンの葉をつつく、黒い体に白いくちばしが特徴（朝日池11月）

　バンよりも大きく、額とくちばしが白く、全身は黒色です。グループで行動していることが多く、ヨシ原や水草の周りを泳ぐ姿が一般に見られます。主に水草、藻類を主食としており食事の様子も観察できます。ただし水生昆虫類も食べるとのことです。水の上にいる姿を見かけることが多く、時々もぐりますが陸上や飛翔の姿はなかなかお目にかかれません。ところで、オオバンは朝日池で春の遅い時期まで姿を見ることがありますが、今のところ繁殖は確認されていません。秋になると数が増えてきて10月上旬ごろ100羽をこえ最大数になります。その後数は減り積雪期にはあまり見られなくなります。

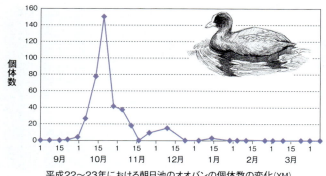

平成22〜23年における朝日池のオオバンの個体数の変化(YM)

カワウ

カツオドリ目・ウ科
全長82cm
春・夏・秋・冬

水にもぐり次々と魚を捕まえる（KN）

　翼は黒褐色ですが遠目には全身が黒色に見えます。同類のウミウとは区別が難しいですが、朝日池で見られるのは主にカワウの方です。潜水捕食の名人で、水中で捕らえた大きな魚を水上で食べている姿も見られます。近年増えてきて、繁殖地では大量の糞で樹木が枯れる被害も多い上に、魚資源をめぐり人間と利害が絡むこともしばしばです。一時は絶滅危惧種指定を受けたこともあるように、水質汚染での魚類減少など食物連鎖の影響を受けやすい鳥でもあります。朝日池では秋から冬にねぐらを形成し、下のグラフにあるように平成17年冬には400羽に達したこともあります。しかし、近年では駆除の活動もあり朝日池では減少傾向にあるようです。ところで、朝日池付近には「鵜島新田」「鵜田中新田」「鵜ノ池」など「鵜」の名前のついた地名がいくつもあります。昔から鵜が多く生息していたのでしょう。

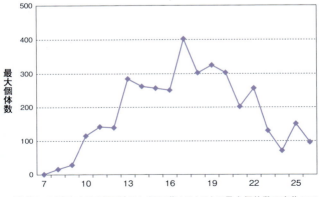

平成7〜26年における朝日池のねぐらに集まるカワウの最大個体数の変化（YM）

ハジロカイツブリ

カイツブリ目・
カイツブリ科
全長31cm
秋・冬

白っぽい体に赤い
目が目立つ

　ほぼカイツブリと同じ大きさです。カイツブリに似ていますが、冬羽*はより白っぽく見えます。ハジロカイツブリは目が赤いことも大きな特徴です。さらによく似たミミカイツブリも朝日池に入ることがありますが、ハジロカイツブリに比べて多くはありません。カイツブリのなかまはいずれも潜水の名手ですぐに潜ってしまい、観察しづらいこともしばしばあります。上越では冬鳥ですが、時々春に通過していく際に夏羽*になりかけた姿を見かけることもあります。

クロハラアジサシ

チドリ目・カモメ科
全長25cm
春・秋

朝日池の上空を
飛ぶ夏羽の個体

　朝日池・鵜ノ池では春と秋の渡りの際に時々姿を見せてくれます。上の写真は春の渡りの時のもので名前のとおり腹の黒い夏羽*になっています。秋の渡りの時では腹が白くなった冬羽の姿や、少し黒色の残った姿が見られます。細長い翼でひらひらと優雅に池の上を飛び回っては、時々ダイビングをして小魚をくわえとる様子が観察できます。普通は2～3羽程度ですが、時には10羽以上の集団が見られることもあります。よく似たなかまのハジロクロハラアジサシも立ち寄ることがあります。

ユリカモメ

チドリ目・カモメ科
全長40cm 秋・冬・春

　上越地方の沿岸や川沿いでは冬季によく見られる鳥ですが、朝日池ではたまに見られる程度です。成鳥では赤いくちばしと赤い足が特徴です。

ウミネコ

チドリ目・カモメ科
全長47cm 秋・冬・春

　上越の港や海辺でよく見られる鳥です。朝日池にも秋から春にかけて時々入ってきます。くちばしの先の赤と黒色、成鳥では尾羽の黒い模様が目立ちます。朝日池ではこの他にセグロカモメやオオセグロカモメも観察記録があります。

オオハム

アビ目・アビ科
全長72cm 秋・冬・春

　主に海で見られますが、時に朝日池のような海に近い湖にも入ります。潜水して魚を採ります。よく似たシロエリオオハムやアビも朝日池で観察されたことがあります。

観察ガイド 雪や泥の上の足跡

　積雪が多くなる時期、水辺も雪で覆われます。そうすると、そこに水鳥などの足跡がいくつも見られることがあります。上の写真の水かきのある大きな足跡はコハクチョウ、小さなものはハクセキレイと思われます。また、干潟状になった岸辺の泥にも多くの足跡が残っていることがあります。下の写真は朝日池の岸辺をオオバンが歩き回った跡です。

コラム 地引網と朝日池の魚類

　朝日池では毎年1回、11月中旬頃に地元の皆さんによる地引網漁がおこなわれてきました。網にはコイやフナの他にブラックバスやブルーギルといった外来魚も多く入ります。地引網漁にはこれらの外来魚を駆除する目的もあります。また、これらの魚はルアーフィッシングの対象となるため、朝日池,鵜ノ池ともによく釣り人が訪れています。

　トンボの幼虫（ヤゴ）などの水生昆虫、水生植物、さらには魚貝類など、朝日池、鵜ノ池は多くの生物の住みかとなり、水辺の生態系を形成しています。その中で、これら魚類はサギやカイツブリのなかま、カワアイサ、カワウなどの水鳥のえさになります。さらに、ミサゴやオジロワシのような魚をえさとするタカやワシにとっても大切な食糧となっています。

朝日池の地引網漁（11月）

地引網にかかった魚

ブルーギルを捕まえたダイサギ（朝日池）

9 ワシ・タカ・ハヤブサのなかま

厳冬期の池、カモに襲いかかるオジロワシ(朝日池1月)

　朝日池・鵜ノ池は魚類をはじめ多くの生物の住みかとなっています。また、秋から冬には多くの水鳥が集まります。食物連鎖の頂点に立つワシやタカにとって、ここは絶好の狩場となります。また、周辺の田んぼや林、池の周りの湿地など、いくつもの環境が隣り合っていることも、オジロワシや多種類のタカの姿が見られる要因の一つです。主に田んぼで狩りをするノスリが姿を見せたり、オオタカやハヤブサがカモに襲いかかる光景に出会ったり、チュウヒやハイイロチュウヒが池の周りをゆっくりと飛んでいたりします。

中でも、毎年やってくるオジロワシはバードウオッチャーの人気を集めています。しかし、これらワシやタカのなかまは絶滅の心配のある鳥たちでもあります。朝日池のようなえさ場が失われていけば、これらの鳥が真っ先に姿を消してしまうことでしょう。

鵜ノ池の上を飛ぶハイイロチュウヒ(11月)(IM)

オジロワシ

タカ目・タカ科
全長89cm
冬
環境省レッドリスト
絶滅危惧Ⅱ類

白い尾を輝かせ
池の上空を飛ぶ
(朝日池12月)

　翼を広げるとトビと比べてもひときわ大きく感じられます。名前のとおり尾羽の白色が目立ちます。朝日池にはここ数年11月の下旬になると、2羽のペアで姿を現し、そのまま池の北側、ゴルフ場側の林を定位置として一冬を過ごします。2羽で北側の松の木にとまっている姿をよくみかけますが、そこから飛び立ち魚を捕まえたり、カモを襲ったりします。また、他のえさ場を目指して飛び立ち、数時間すると戻ってくるというときもあります。行動範囲はかなり広いようで、直江津の関川河口部に姿を現すオジロワシも朝日池からやって来ているのではないかと考えられます。いつも朝日池をねぐらとするわけではなく、夕方になると近くの吉川区方面に飛んで行く姿が見られます。2月上旬になり積雪のため池の水面が閉ざされても、他所へ避難することなく2羽で樹上にとまって鳴き交わす姿を見ることができます。また、わずかに残った水面に集まったカモの群れに襲いかかり、カモを仕留める様子に出会うこともあります。

朝日池わきの樹上で鳴き交わすペア

雪に覆われた朝日池でカモを捕獲

ミサゴ

タカ目・ミサゴ科
全長57cm
春・夏・秋・冬
環境省レッドリスト
準絶滅危惧種
上越市レッドリスト
要注意種

(朝日池11月)
(IM)

　魚をえさとするタカです。他のタカのなかまと比べて翼が細長く下からみると写真のように白い部分が目立ちます。池の上空でホバリング*をしてねらいを定めると、急降下してブラックバスなどの魚をつかみ取ります(下写真①〜④)。近くの柿崎区や吉川区の丘陵地に営巣しているらしく、繁殖期にはそこからやってくるものと思われます。一年を通じて朝日池・鵜ノ池で観察することができ、時には2羽同時に見られることもあります。ミサゴは環境省のレッドデータリストで準絶滅危惧種に指定され、全国的にその減少が心配されている鳥です。営巣場所やえさをとる池などの環境に大きく影響されるため、今後もしっかりと見守っていく必要があります。

①ホバリングし、ねらいを付ける

②魚を目がけて急降下

③魚をキャッチ

④捕まえた魚を運ぶ

トビ

タカ目・タカ科
全長60cm
春・夏・秋・冬

池の脇の田で
餌を探す若鳥
（朝日池5月）

　朝日池・鵜ノ池で1年間を通じて最も普通にみられるタカです。池周辺の林の中で巣をつくって繁殖もしています。他のタカのように狩りをしてえさを捕ることはほとんどなく、魚の死骸やカエルなどを食べています。池の上空でゆっくりと輪を描いている姿をよく見かけます。飛んでいるときは翼の先の方にある白い斑と、少し内側にへこんだ尾羽のラインが目印になります。（P55参照）

ノスリ

タカ目・タカ科
全長55cm
秋・冬

（朝日池11月）

　トビよりも少し小さいタカです。低山で繁殖し秋になると平野に降りてきます。水田でネズミやモグラを捕まえてえさにします。朝日池にも時々姿を現し、池の岸の林にとまっていることがあります。下から見ると全体に白っぽく見え、トビとは逆で翼に黒っぽい斑があります。また、尾羽のラインに丸味があるのも特徴です。池よりも周辺の田んぼでよく見かけます。えさを探してホバリングする様子や地面近くを低く飛ぶ姿が観察できます。

チュウヒ

タカ目・タカ科
全長52cm
秋・冬
環境省レッドリスト
絶滅危惧IB類
上越市レッドリスト
絶滅危惧II類

（朝日池2月）

　トビやノスリなどに比べると朝日池・鵜ノ池ではあまり多く見かけることはなく、秋から冬にかけてたまに姿を現す程度です。ヨシ原などでネズミや小鳥を捕まえる習性があり、池の岸辺の湿地にそって飛んでいることがあります。体の模様は変化に富んでいますが、写真のように飛んでいるときに翼が水平ではなく少しVの字型になっていることが目印になります。全国的に広いヨシ原が減少して、チュウヒの住みかもどんどん無くなっています。朝日池周辺の環境を大事にしたいものです。

ハイイロチュウヒ

タカ目・タカ科
全長48cm
秋・冬

翼をV字型にして
飛ぶのがチュウヒ
のなかまの特徴
（鵜ノ池11月）
(IM)

　チュウヒより少し小さく、名前のとおりオスは灰色で美しい姿です。しかし、朝日池・鵜ノ池で見られるのは、もっぱら写真のように褐色をしたメスや若鳥です。チュウヒと同じような習性で、飛び方もV字型です。写真をよく見ると、顔に仮面をつけたようなふちどりがありますが、これを顔盤（がんばん）といいます。メスはチュウヒのメスによく似ていますが、顔盤がよりはっきり見えることや腰の上面が白いなどの特徴があります。ただし、チュウヒのメスにも腰が白いものがいるので注意が必要です。

オオタカ

タカ目・タカ科
全長50cm
秋・冬
環境省レッドリスト
準絶滅危惧
上越市レッドリスト
要注意種

カモを襲ったオオタカ
（朝日池11月）

　トビと比べると小型です。朝日池では主に秋から冬にかけてカモをねらって襲いかかる様子が観察できます。その際、カモを捕まえると写真のように水中に押さえつけ弱らせます。カモたちが騒ぐようにいっせいに飛び立ったときは、オオタカやオジロワシが飛んでいることがしばしばあります。成鳥は写真のように胸や腹の白が目立ちますが、幼鳥では褐色に見えます。さらに小型でよく似たハイタカも姿を現すことがあります。

ハヤブサ

ハヤブサ目・
ハヤブサ科
全長50cm
秋・冬
環境省レッドリスト
絶滅危惧Ⅱ類

獲物をねらう
ハヤブサ
（朝日池1月）

　朝日池周辺では秋から冬にかけて姿を現します。オオタカと同じように池でカモをねらうこともありますが、池周辺の水田で小鳥に猛烈なスピードで飛びかかる姿も見られます。写真のようにオオタカと比べると翼の先端がとがって見えるので見分ける手がかりとなります。また、顔には特徴的な黒いひげのような模様があり、これも目印になります。池のカモたちに落ち着かない様子が見られたら、周辺の木を探してみると、ハヤブサやオオタカがとまっているかもしれません。

チョウゲンボウ

ハヤブサ目・
ハヤブサ科
全長35cm
秋・冬・春・夏

雪の晴れ間に
餌を探す(1月)

　飛んでいる姿は翼の先がとがりハヤブサに似ていますが、少し小型です。さらに、ハヤブサよりも尾が長く、羽ばたきもヒラヒラと飛んでいるように見えます。地上の昆虫やネズミ、小鳥をえさとします。ハヤブサと違って水鳥を襲うことはありませんので、通常は池の上空ではなく、池周辺の田んぼに姿を現します。カントリーエレベーターなど人工建築物に巣をかけ繁殖しています。近くの田んぼでホバリング*をしながらえさを探す姿に出会うこともあります。

コチョウゲンボウ

ハヤブサ目・
ハヤブサ科
全長31cm
秋・冬

電線にとまり
獲物をねらう
(朝日池11月)

　チョウゲンボウよりもさらに小型です。チョウゲンボウと違って日本で繁殖はせず、秋〜冬にロシア方面から渡ってくる鳥です。田んぼに雪が積もり、朝日池の周りにスズメが集まってくると、そこに高速で襲いかかるこの鳥の姿に出会うことがあります。チョウゲンボウのようにヒラヒラとした飛び方ではなくより直線的で速い飛び方をします。写真のように、電線や電柱にとまっていることがありますので、池周辺の電線を探してみてください。

観察ガイド　ワシ・タカの飛ぶ姿

ワシ・タカの飛ぶ姿はよく似ていてわかりづらいこともありますが、並べてみると、翼の形や色などの特徴がよくわかります。

オジロワシは幅があり大きな翼

ミサゴは細長い翼が特徴

ノスリは下からみると白っぽく、
尾羽の丸いラインが目印

トビは、翼の先の白い模様とノスリとは
逆に凹んだ尾羽が特徴

オオタカは下面が白っぽく見え
翼の先は開く

ハヤブサは翼の先がとがり、頬にある
太くて黒い髭（ひげ）が特徴

10 朝日池・鵜ノ池にやってきた珍しい鳥

過去に記録された、ごくまれに姿を現す鳥です。これからも訪れる可能性があります。

ヘラサギ

ペリカン目・トキ科
全長86cm 秋
環境省レッドリスト
情報不足種

　昭和61年10月、平成22年11月に観察されました。先がヘラのようになったくちばしを水中に入れ、せわしなくえさを探していました。

(IM)

コウノトリ

コウノトリ目・コウノトリ科
全長112cm 秋・冬
環境省レッドリスト 絶滅危惧IA類

　上越地方には過去に何度か姿を現してしていますが、朝日池・鵜ノ池では昭和49年冬と58年秋の2回の記録があります。ダイサギよりもさらに大きな体で、太いくちばしも特徴です。

(IM)

ムラサキサギ

ペリカン目・サギ科
全長79cm 秋

　朝日池・鵜ノ池では昭和58年秋の1回だけの記録です。これ以外にも上越地方では過去に何回か観察されています。アオサギに似ていますが、褐色の首や胸が特徴です。

(IM)

サンカノゴイ

ペリカン目・サギ科
全長69cm 秋・冬
環境省レッドリスト
絶滅危惧IB類

　冬鳥として鵜ノ池のヨシ原で何回か観察されています。警戒するとヨシに擬態*(ぎたい)をし、じっと動きません。見つけるにはかなりの観察眼と根気強さが必要です。

レンカク

チドリ目・レンカク科
全長55cm 夏・秋

　もともとは東南アジアなど南方の鳥ですが、平成26年の7月に1羽が朝日池に姿を見せ、9月初旬まで滞在しました。長い尾でハスやスイレンの葉の上を歩きえさを探していました。その後、冬羽に移行し尾羽のとれた姿も観察できました。

シロハラクイナ

ツル目・クイナ科
全長33cm 秋

　レンカクと同じく南方の鳥です。日本では沖縄県に生息します。朝日池では平成17年6月、1回だけの記録です。岸辺の草むらにしばらく滞在し、写真のように草の間を移動する際に白い顔や腹が見え隠れしていました。

(OJ)

メジロガモ

カモ目・カモ科
全長40cm 秋・冬

　鵜ノ池で平成17年6月に観察され、上越地方ではこれが初めての記録でした。もともとはヨーロッパ南部や中央アジア等で繁殖している鳥です。頭から胸にかけて赤褐色で、名前の通り白い目が特徴です。

(KT)

アカツクシガモ

カモ目・カモ科
全長64cm 秋・冬
環境省レッドリスト
情報不足種

　全身がレンガ色で他のカモと間違えることはありません。朝日池には昭和51年や平成20年など過去にあらわれた記録があります。飛ぶと翼にある白色が目立ちます。

(IM)

ズグロカモメ

チドリ目・カモメ科
全長37cm 秋・冬
環境省レッドリスト
絶滅危惧Ⅱ類

　朝日池では時折現れ、最近では平成20年11月に姿を見せました。ユリカモメに似ていますがこちらはくちばしが黒です。名前のとおり夏羽では頭がすっぽりと黒色になります。

(IM)

1 冬鳥たちの旅立ち

春

　春の訪れとともに水鳥たちの旅立ちが始まります。ガンやハクチョウなど多くの鳥は繁殖地である北国に向けて渡りを開始します。朝日池・鵜ノ池で冬を越した鳥たち以外にも、渡りの途中で立ち寄っていく鳥たちもいます。3月となるとオジロワシも姿を消し、ハクチョウやガン、カモの数も減っていきます。池はしだいに寂しくなりますが、周辺の水田は雪解けも進み、渡りの途中で立ち寄っていくハクチョウたちの姿をしばらくは見ることができます。数が減った池のカモたちですが、ヒドリガモやヨシガモなど一部のカモたちが残っていて、求愛ディスプレイ*の様子などをじっくり観察することができます。また、渡りの途中に通過していくシマアジの美しい生殖羽*の姿を観察できるのもこの時期だけです。

ヨシガモ（朝日池4月）

池のまわりに集まる鳥たち

朝日池の護岸壁に集まったツバメ(朝日池4月)

　4月に入ると夏鳥が次々に到着しはじめます。池には春の陽気でユスリカが大発生し、それを食べるために数十羽のツバメが池の水面を飛び回ります。岸ではハクセキレイが集まってきて、コンクリートの護岸堤の上でしきりにえさを探します。

　上空を見上げるとサシバやハチクマといった渡りをするタカたちが、2羽・3羽と通過していく様子に出会うことがあります。池の周りの田んぼでは田植えの準備が始まり、土を耕すトラクターの周りには、掘り起こされるカエルや昆虫をねらって、トビやカラスがたくさん集まってきます。

トビ(朝日池近くの水田5月)

ハクセキレイ(朝日池4月)

コラム　鵜ノ池のミツガシワ

　ミツガシワは日本では亜高山や高山帯の湿地で見られる植物ですが、まれに低地の湿地にも自生する場合があります。これらは氷河期のなごりであると考えられています。鵜ノ池にもこのミツガシワの群落があり、4月下旬ごろ白い花が一面に咲き、水辺を行く人を楽しませてくれます。ミツガシワがここに残っているのは、夏でも冷たい水が湧いている影響であると考えられています。朝日池や鵜ノ池をつくる湧き水が多くの動物や植物にとって大事な環境の源になっているのでしょう。

鵜ノ池（4月）

12 池で繁殖する水鳥たち 夏

マガモの親子（朝日池7月）

　朝日池・鵜ノ池で繁殖する水鳥はあまり多くはありません。代表的な鳥はカイツブリとバンです。さらに、カルガモは池やその周辺の田んぼで繁殖していると考えられます。また、本来冬鳥であるマガモが夏にも少数見られ、写真のようにヒナを連れている姿が鵜ノ池や朝日池で観察されます。しかし、全国各地でアイガモが野生化しており、さらにマガモとの交雑も起こっているようです。アイガモは野生のマガモとアヒルを交配させた交雑種です。食肉用の他、田んぼの除草をさせるアイガモ農法に用いられます。朝日池周辺でもアイガモが飼育されていることから、ここで見られる親子連れは野生化したアイガモである可能性もあります。

　ところで、平成26年には朝日池と鵜ノ池、蜘ケ池でもカンムリカイツブリの繁殖が上越地方で初めて観察されました。さらに平成27年にも引き続き三つの池でヒナが巣立ちました。このように分布を広げている鳥もおり、今後も観察する中で朝日池・鵜ノ池で繁殖する水鳥が増えることが考えられます。なお、ここに取り上げた水鳥以外では、コチドリが池周辺の畑や田んぼのあぜ道等で繁殖しています。

バン

ツル目・クイナ科
全長33cm
春・夏・秋

ハスの茂みの中で赤い額板がよく目立つ（鵜ノ池6月）

　大きさはカルガモよりも小さくコガモ程度です。全身が黒く、額の赤色が特徴です（額板といいます）。あまり鳴き声を出しませんが、時々「キュルル」という声で鳴きます。幼鳥は体が黒くなく茶褐色で額板の赤色もないので、別の鳥のようにも見えます。朝日池、鵜ノ池で繁殖していますが、夏はハスの茂みの中で生活するためあまり目にふれません。時にヒナを連れた姿を見ることがあります。また、冬には移動して姿が見られなくなります。

カルガモ

カモ目・カモ科
全長60.5cm
春・夏・秋・冬

オス（左奥）
メス（右手前）
（朝日池10月）

　オス・メスほぼ同じ色ですが、よく見るとオスの方が顔などの模様や、尾の下の黒色がはっきりしています。他のカモのなかまの多くが冬鳥であり日本ではほとんど繁殖しませんが、このカルガモは日本で広く繁殖しています。上越地方でも1年を通して普通に見られる鳥ですが、新潟県内では近年減少傾向にあるようです。水辺近くの草むらに巣をつくることから、鵜ノ池や朝日池の水辺でも繁殖していると考えられます。

カイツブリ

カイツブリ目・
カイツブリ科
全長26cm
春・夏・秋・冬

巣の上のヒナ
と親鳥
（鵜ノ池6月）

　カルガモと比べてもずいぶん小さく見えます。オス・メス同じ色ですが、ヒナには縞模様があり、親との違いは一目瞭然です。下の写真のように冬羽は色が薄く、地味な色合いになります。水辺に水草を使って巣をつくりますが、カルガモなどと違って水面の開けた目立つ場所につくることがあります。朝日池・鵜ノ池をはじめ上越地方の多くの池で繁殖しています。鵜ノ池では毎年2組くらいのペアが繁殖しているようで、7～8月ごろヒナをつれた姿を見かけます。水中によくもぐってえさをとります。

ヒナを背中に乗せる親鳥（蜘ケ池7月）

成長したヒナと親鳥（鵜ノ池8月）

　ところで、カイツブリは巣立ったばかりのヒナをよく親鳥が背中におんぶして育てます。上の写真のように、翼の間から雛が顔を出している様子が見られます。カラスなどの天敵からヒナを守るにはこれが一番安全な方法かもしれません。

冬羽（鵜ノ池11月）

カンムリカイツブリ

カイツブリ目・
カイツブリ科
全長56.5cm
春・夏・秋・冬

オス（左）
メス（右）
（朝日池5月）

　日本で見られるカイツブリの中で一番大きい鳥です。潜水の名手で魚類や水生昆虫類を食べます。夏の繁殖期になると頭部はきれいな冠（かんむり）のような飾羽に変わります。新潟県では冬鳥でしたが、近年は鳥屋野潟で繁殖しており上越地域での繁殖も期待されていました。それが、平成26年に初めて朝日池、鵜ノ池、蜘ケ池の3か所で繁殖が観察され、平成27年にも引き続きヒナが巣立ちました。今後の繁殖の様子についても注目されます。

求愛のディスプレイ（朝日池5月）

巣の上で抱卵（朝日池8月）

親の背に乗るヒナ（鵜ノ池6月）

まだら模様の幼鳥と親鳥（鵜ノ池6月）

コラム 水辺を彩る花々

一面に咲きほこるハスの花(朝日池8月)

朝日池・鵜ノ池では、夏になるとたくさんの水生植物が繁茂しますが、その中でも色鮮やかな色彩で目立つのが、ハスとスイレンです。ハスは朝日池ではピンク、鵜ノ池では白い花が主になっています。

白いハスの花(鵜ノ池8月)

スイレンの花(朝日池8月)

朝日池の水面をおおうスイレン

スイレンは特に朝日池の東側に多く、年々増殖しているように見えます。

水面がこれらの植物におおわれることにより、ここで繁殖する水鳥にとっては天敵から姿を隠すうえで都合のよい環境となります。

朝日池の水面をおおうヒシの葉と花、実

　朝日池の水面に広く浮いているのがヒシの葉です。花は小さくて目立ちませんが、実は黒くてとがっていて冬になると岸にたくさん打ち寄せられています。なお、これを食べるのがヒシクイで、名前の由来になっています。

　また、朝日池にはオニバスが自生していて、8月ころ所々で紫色の花を咲かせます。また、水中の食虫植物として知られるタヌキモも年によっては広く水面に小さな黄色い花を咲かせます。

オニバスの花

水鳥が種子を運ぶ

　ハクチョウやガンのなかまを観察していると、時々下の写真のようにお腹のあたりに黒いヒシの実を付けていることがあります。ヒシの実のとがった角のところが、羽毛にからみ付くようです。こうやってヒシの実は水鳥によって他の池に運ばれ、そこで芽を出し分布を広げていくのだろうと考えられます。ヒシ以外の水草も水鳥の足にからんで運ばれるところを観察することがあります。水鳥と池の植物も様々に関係し合っていることがわかります。

ヒシの実

13 水辺に集まるサギのなかま

　朝日池・鵜ノ池とその周辺の田んぼでは1年を通じてサギのなかまの姿を見ることができます。その中でも大型のアオサギ、ダイサギはおなじみの鳥たちです。サギのなかまは肉食で、魚類、カエル、ザリガニなどをえさとします。池ではこれらを長いくちばしで捕獲する様子を観察することができます。

アオサギ

ペリカン目・サギ科
全長93cm
春・夏・秋・冬

灰色で大きな体
（朝日池9月）

　つばさを広げると2mほどになる大型のサギで、肩と目から後頭部にかけて濃い青色をしています。飛び立つときや仲間と飛んでいるときに、「ギェー」と鳴きます。湖沼の周辺部や用水で魚やザリガニなどを捕って食べています。長い首を曲げて獲物が寄ってくるのをじっと待ち、くちばしで突き刺して大型の魚も捕えます。

アオサギの集団繁殖（上越市大日）

つばさを広げたアオサギ

　たくさんのアオサギが一ケ所に集まって繁殖します。上越市の大日や、近くでは朝日池から5km程はなれた吉川区河沢に集団繁殖地（コロニー）があります。子育ての時期には、朝日池にも多くのアオサギがえさを求めてやってきます。

ダイサギ

ペリカン目・サギ科
全長90cm
春・夏・秋・冬

スイレンの上で
えさを探す
(朝日池10月)

繁殖期のダイサギ
クチバシは黒い

シラサギの中では最大のサギです。くちばしは繁殖期には黒くなりますが、それ以外は黄色です。上越地域でもアオサギに混じって繁殖するようになってきています。秋には鵜ノ池周辺にチュウサギとダイサギ（亜種チュウダイサギ）を主とするねぐらができます。冬には北方から南下してくる大型の亜種ダイサギを中心に小規模のねぐらになります。冬には、下の写真のように池の水深の浅い所で多数集まってえさとりをします。

ダイサギの集団。ブルーギルやモツゴなど小魚を多く捕って食べていると思われます。
(鵜ノ池11月)

チュウサギ

ペリカン目・サギ科
全長68.5cm
春・夏・秋
環境省レッドリスト
準絶滅危惧種

オニバスの葉の
上でえさを採る
（朝日池9月）

ダイサギよりややくちばしも首も短いサギです。目の下のくちばしの切れ込みが、目より深くないこと、くちばしと目の間は黄色であることで区別できます。上越地域では繁殖していませんが、春と秋の渡りの時期に、池沼周辺の田んぼや用水で群れが見られます。写真のように池に入ることもありますが、おもに周辺の田んぼや草むらでバッタやカエルを食べています。

サギのねぐら（鵜ノ池10月）（KN）

秋が深まると、シラサギのねぐらが鵜ノ池周辺にできます。主にチュウサギとダイサギの混合ねぐらです。夕方薄暗くなるとここに集まってきて休み、翌朝方々へ散っていきます。ねぐらに集まるシラサギの数は、10月初旬には150羽以上になります。ねぐらの場所は周囲の環境に合わせて変わります。春が近づくと、集合するサギの数は減っていきます。

アマサギ

ペリカン目・サギ科
全長50.5cm
春・夏・秋

繁殖羽の成鳥
（鵜ノ池6月）

　小型のサギで、繁殖期には上半部は鮮やかな飴色になります。春先や秋の渡りの時期に群れで見られます。この時期には、亜麻色の部分がまだらに残っているものも、まったく真っ白のものもいるので、コサギと見間違えないように注意が必要です。水の中にはあまり入らず、草地や乾田でカエルやバッタをよく食べています。冬には南の方に渡って行くので見られません。

コサギ

ペリカン目・サギ科
全長61cm
春・夏・秋

水辺を歩き餌を探す
（鵜ノ池10月）

　シラサギの中でも一番小型です。足のゆびが黄色いので他のサギと区別できます。近年、上越地域では数が減る傾向にあります。湖沼の浅いところで他のサギの群れに混じって見られることがあります。小型の魚やザリガニなどを走って追いかけながら捕えて食べたり、草の上から足で小刻みにゆすりながら、魚を追い出して捕えたりすることもあります。

観察ガイド よく似たサギを比べると

　ダイサギ、チュウサギ、コサギなど体の白いサギはまとめてシラサギと呼ばれ、よく似ていて見分けづらいことがあります。しかし、首の長さやくちばしの色などの特徴を目印にして、注意して観察をすると区別ができます。

チュウサギとダイサギ、首の長さに注目(朝日池9月)

左からコサギ、チュウサギ、ダイサギ(くちばしや目先の色に注目)

　3種類のサギのくちばしを比べると、コサギは黒いのですぐに見分けられます。チュウサギとダイサギはともに黄色なので区別できません。よく見るとダイサギでは目とくちばしの間が黄色ではなくて、少し青みがかっています。また、ダイサギではくちばしの切れ込みが目よりも後ろまで延びていることもポイントの一つです。繁殖期になると、3種類ともくちばしが黒くなるので注意が必要です。でも、それぞれ目先の色が違うので、見分けられます。
(コサギの目先は赤みがかり、チュウサギは黄色、ダイサギは青)

繁殖期の比較:左からコサギ、チュウサギ、ダイサギ(目先の色に注目)

コラム 池のチョウやトンボ

　水辺には多くのトンボが生息しています。中でもチョウトンボやウチワヤンマはその代表でしょう。この他にもイトトンボのなかまやコフキトンボなど、野鳥観察に訪れるたびに目にとまります。また、6〜7月、岸辺の林の中ではミドリシジミの姿が見られます。ミドリシジミの幼虫はハンノキを食草としていますので、池周辺のハンノキ林がすみかとなっています。池を中心とした水辺の環境が多くのトンボやチョウなどの昆虫を育んでいます。

鵜ノ池の周りのハンノキ林とミドリシジミ（6月）

ウチワヤンマ（鵜ノ池7月）

チョウトンボ（鵜ノ池6月）

コフキトンボ（朝日池7月）

ヒシの葉上のセスジイトトンボ（朝日池6月）

14 池に現れるシギ・チドリのなかま

シギやチドリのなかまの多くは旅鳥*で、春、秋に日本を通過していきます。朝日池では春はそれほど多くの姿を見かけることはありません。しかし、秋の渡りの際は水量が減って干潟状になった岸辺や、水面

群れて飛ぶトウネン（朝日池9月）

を覆った水草の上でえさを探す姿を見つけることができます。ただし、水量の変化は年ごとに異なり、雨の多い年では干潟ができず、立ち寄る数も多くないことがあります。なお、シギのなかまは羽色が地味なうえに姿の似たものが多く、まぎらわしい鳥たちです。シギ・チドリのなかまの中でコチドリは唯一朝日池周辺で繁殖している鳥です。

トウネン

チドリ目・シギ科
全長15cm 春・秋

　朝日池では渡りの時期に毎年通過していく鳥ですが、シギの中でも体が小さく、スズメくらいの大きさで、よく探さないと見つけられません。秋の渡りの時期には右写真のように夏羽が残り茶色の混じった羽色のものがいます。完全な冬羽では背中も灰色になります。多い時には30羽以上が集まって群れ飛ぶ様子が見られます。

ハマシギ

チドリ目・シギ科
全長21cm 春・秋
環境省レッドリスト 準絶滅危惧種
上越市レッドリスト
要注意種

　トウネンと比べて少し大きく、くちばしも長めです。朝日池や鵜ノ池では10羽程度の群れで渡りの時期に時々立ちよる姿が見られます。

タカブシギ

チドリ目・シギ科
全長22cm 春・秋
環境省レッドリスト 絶滅危惧Ⅱ類

　トウネンやハマシギよりも足が長く、スマートに見えます。大きな群れをつくらず朝日池では2～3羽ほどでいるところを見かけます。

(IM)

クサシギ

チドリ目・シギ科
全長25cm 春・秋

　タカブシギによく似ていますが、背の色はタカブシギよりも黒っぽく細かな白斑があります。朝日池・鵜ノ池には主に秋の渡りの時期に見られます。単独でいることが多く、飛び立つと腰の白色が目立ちます。

アオアシシギ

チドリ目・シギ科
全長35cm 春・秋

　タカブシギよりもさらに足が長く体も大きいシギです。「チョチョチョー」と三声の澄んだ声で鳴き、姿が見えなくてもその声でこの鳥がいることがわかります。朝日池・鵜ノ池では主に秋の渡りの時期に見られます。

イソシギ

チドリ目・シギ科
全長20cm 春・秋・冬

　上越地域の海岸部や河岸で繁殖している鳥です。朝日池では時々姿を現す程度です。シギの中にはしきりにお尻を上下に振る習性をもった鳥がいますが、イソシギもそのなかまです。

ツルシギ

チドリ目・シギ科 全長33cm 春・秋
環境省レッドリスト 絶滅危惧Ⅱ類
上越市レッドリスト準絶滅危惧種

　昔は上越地域の田んぼに普通に見られたそうですが、最近はその数が減っています。朝日池では主に秋の渡りの際に立ち寄ることがあります。冬羽では写真のように褐色になります。時にはこのように胸まで水につかってえさをさがすこともあります。

(KN)

ヒバリシギ

チドリ目・シギ科
全長15cm 春・秋

　トウネンと同じように小型のシギですが、トウネンより足が長めです。朝日池では秋の渡りの際に2～3羽程度の小群で立ちよることがあります。ヒバリシギをはじめシギのなかまはミミズや昆虫の幼虫、エビなどの甲殻類をえさにしています。

タシギ

チドリ目・シギ科
全長27cm 春・秋・冬

　タシギは朝日池・鵜ノ池の岸辺や周辺の田んぼに姿を現します。体の色が枯草色で、じっとしているとなかなか見つけづらい鳥です。長いくちばしを泥の中に差し込みミミズなどを食べます。

ムナグロ

チドリ目・チドリ科
全長24cm 春・秋

　夏羽では、写真のように胸が黒くそれが名前の由来です。冬羽では顔も胸も黒くなくなります。春や秋に朝日池や鵜ノ池に群れでやってくることがあります。その時は夏羽、冬羽、その中間のものも混ざり、黒色の程度も様々です。

コチドリ

チドリ目・チドリ科
全長16cm 春・夏・秋

　夏鳥*として日本にやってきて繁殖する鳥です。朝日池でも春や秋の移動の時期に時々姿を見せます。また、周辺の田のあぜや畑付近で繁殖しているようです。目の周りの金色のアイリングや胸の黒いベルトが目印です。

タゲリ

チドリ目・チドリ科
全長32cm 秋・冬

　チドリの仲間の中では大型で、ハトくらいの大きさです。朝日池・鵜ノ池には、秋から冬にかけて20〜30羽程の群れでやってくることがあります。上空を群れが飛んでいる姿は、すこしゆったりと見えて独特のシルエットです。

セイタカシギ

チドリ目・セイタカシギ科
全長32cm 春・秋
環境省レッドリスト 絶滅危惧Ⅱ類

　朝日池や鵜ノ池にまれに姿を現す鳥です。以前は上越地域でもなかなか目にする機会がなかったのですが、最近は時々見かけるようになりました。名前の通り長い足が特徴です。

コラム 鵜ノ池と丸山古墳

鵜ノ池に突き出た半島部

丸山古墳

　鵜ノ池の真ん中に突き出た半島の先端部は、まるで池に浮かぶ島のように見えます。そこでは木々が立ち並ぶ中に丸山古墳がこんもりと盛り上がった姿を見せています。この古墳は4世紀後半から5世紀前半に築かれたものだそうで、一辺が約20mの正方形をしています(大潟町町史より)。この半島部は、野鳥にとってもよい休憩場所になっていて、特に春や秋の渡りの時期には、ツグミ、クロツグミ、アカハラ、マミチャジナイなどのツグミのなかまや、ムギマキやコサメビタキなどのヒタキのなかまの姿を見つけることができます。

コサメビタキ(4月)

アカハラ(4月)

　鵜ノ池の北側には県立大潟水と森公園があり、丸山古墳を含む半島部もその一部です。林の中や鵜ノ池のほとりを巡る遊歩道があり、多くの植物や鳥類、昆虫類などの生物を観察することができます。水鳥の観察に朝日池・鵜ノ池を訪れた折に立ち寄ると、林で生活する鳥たちにも出会えるはずです。

野鳥ごよみ 朝日池・鵜ノ池で観察できる主な鳥50種

No.	鳥　名	9月	10月	11月	12月	1月	2月	3月	4月	5月	6月	7月	8月
1	ヒシクイ		■	■	■	■	■	■					
2	マガン		■	■	■	■	■	■					
3	ハクガン			■	■	■							
4	コハクチョウ		■	■	■	■	■	■	■				
5	オオハクチョウ				■	■	■						
6	オシドリ	■	■	■	■	■	■	■	■	■	■	■	■
7	オカヨシガモ	■	■	■	■	■	■	■	■				
8	ヨシガモ	■	■	■	■	■	■	■	■				
9	ヒドリガモ	■	■	■	■	■	■	■	■				
10	マガモ	■	■	■	■	■	■	■	■	■	■	■	■
11	カルガモ	■	■	■	■	■	■	■	■	■	■	■	■
12	ハシビロガモ	■	■	■	■	■	■	■	■				
13	オナガガモ	■	■	■	■	■	■	■	■				
14	トモエガモ	■	■	■	■	■	■	■					
15	コガモ	■	■	■	■	■	■	■	■				■
16	ホシハジロ	■	■	■	■	■	■	■	■				
17	キンクロハジロ	■	■	■	■	■	■	■	■				
18	ミコアイサ			■	■	■	■	■					
19	カワアイサ			■	■	■	■	■					
20	カイツブリ	■	■	■	■	■	■	■	■	■	■	■	■
21	カンムリカイツブリ	■	■	■	■	■	■	■	■	■	■	■	■
22	ハジロカイツブリ		■	■	■	■	■	■	■				
23	カワウ	■	■	■	■	■	■	■	■	■	■		
24	アマサギ		■	■									■
25	アオサギ	■	■	■	■	■	■	■	■	■	■	■	■
26	ダイサギ	■	■	■	■	■	■	■	■	■	■	■	■
27	チュウサギ	■	■	■									

フィールドガイド 朝日池・鵜ノ池の野鳥

凡例: ■ 観察できる　□ 観察できることがある

No.	鳥名	9月	10月	11月	12月	1月	2月	3月	4月	5月	6月	7月	8月
28	コサギ	□	□	□	□	□	□	□	□	□	□	□	□
29	バン	■	■	■					■	■	■	■	■
30	オオバン	■	■	■	■	■	■	■	■	■	■	■	■
31	タゲリ				□	□	□						
32	コチドリ	□							□	□	□	□	□
33	タシギ	□	□	□				□	□	□			
34	ツルシギ	□	□										
35	アオアシシギ	□											
36	タカブシギ												□
37	イソシギ											□	□
38	トウネン	□											□
39	ヒバリシギ	□											
40	ユリカモメ		□	□	□	□	□						
41	ウミネコ				□	□							
42	クロハラアジサシ									□	□		
43	ミサゴ	■	■	■	■	■	■	■	■	■	■	■	■
44	トビ	■	■	■	■	■	■	■	■	■	■	■	■
45	オジロワシ			■	■	■	■						
46	チュウヒ		□	□	□	□	□	□					
47	オオタカ	□	□	□	□	□	□	□	□	□			
48	ノスリ		□	□	□	□	□	□	□				
49	コチョウゲンボウ		□	□	□	□	□	□					
50	ハヤブサ	□	□	□	□	□	□	□					

朝日池・鵜ノ池野鳥リスト（水鳥とワシ・タカ類、ハヤブサ類）

平成28年2月現在

No.	目・科	種	季節	観察頻度	備考	掲載ページ
1	カモ目・カモ科	サカツラガン	秋・冬	E	環:DD	P26
2		ヒシクイ	秋・冬	A	環:NT（亜種オオヒシクイ） 環:VU（亜種ヒシクイ）	P10
3		ハイイロガン	秋・冬	F	昭57年2月・10月1羽 平26年12月1羽	—
4		マガン	秋・冬	A	環:NT	P 9
5		カリガネ	秋・冬	D	環:EN	P26
6		ハクガン	秋・冬	A	環:CR	P23
7		シジュウカラガン	秋・冬	E	環:CR	P27
8		コクガン	秋・冬	E	環:VU	P27
9		コブハクチョウ	迷鳥	F	平24年2羽、飼育鳥の野生化したものか	P31
10		コハクチョウ	秋・冬	A	亜種アメリカコハクチョウも含む	P30
11		オオハクチョウ	秋〜冬	A		P30
12		ツクシガモ	迷鳥	F	平27年12月4羽、環:VU	—
13		アカツクシガモ	迷鳥	F	平20年11月1羽、環:DD	P58
14		オシドリ	秋・冬・(春)	B	環:DD	P39
15		オカヨシガモ	秋・冬・(春)	B		P19
16		ヨシガモ	秋・冬・(春)	A	上:NT	P18
17		ヒドリガモ	秋・冬・(春)	A		P18
18		アメリカヒドリ	秋・冬	B		P41
19		マガモ	秋・冬・春・(夏)	A	少数繁殖（アイガモか?）	P36
20		カルガモ	1年中	A		P63
21		ハシビロガモ	秋・冬・(春)	A		P19
22		オナガガモ	秋・冬・(春)	A		P34
23		シマアジ	秋・春	B		—
24		トモエガモ	秋・冬・(春)	A	環:VU	P34
25		コガモ	秋・冬・(春)	A		P36
26		オオホシハジロ	迷鳥	F		—
27		ホシハジロ	秋・冬	A		P38
28		メジロガモ	迷鳥	F	平17年6月1羽	P58
29		クビワキンクロ	迷鳥	F	平17年11月1羽	—
30		キンクロハジロ	秋・冬	A		P38
31		スズガモ	秋・冬	B		P39
32		ホオジロガモ	秋・冬	B		P41
33		ミコアイサ	秋・冬	A		P40
34		カワアイサ	秋・冬	A		P40

フィールドガイド 朝日池・鵜ノ池の野鳥

No.	目・科	種	季節	観察頻度	備考	掲載ページ
35	カモ目・カモ科	ウミアイサ	秋・冬	B		P41
36		コウライアイサ	迷鳥	F	平16年9月1羽	―
37	カイツブリ目・カイツブリ科	カイツブリ	1年中	A		P64
38		アカエリカイツブリ	秋・冬	E		―
39		カンムリカイツブリ	1年中	B		P65
40		ミミカイツブリ	秋・冬	E		―
41		ハジロカイツブリ	秋・冬	B		P44
42	アビ目・アビ科	アビ	秋・冬	E		―
43		オオハム	秋・冬	E		P45
44		シロエリオオハム	秋〜冬	E		―
45	コウノトリ目・コウノトリ科	コウノトリ	迷鳥	F	昭49年1月〜3月1羽 昭58年11月1羽、環:CR	P56
46	カツオドリ目・ウ科	カワウ	秋・冬・春	A		P43
47		ウミウ	秋・冬・春	C	上:要注	―
48	ペリカン目・ペリカン科	ハイイロペリカン	迷鳥	F	平10年11月1羽	―
49	サギ科	サンカノゴイ	秋・冬	E	環:EN	P57
50		ヨシゴイ	春・夏	B	環:NT、上:NT	―
51		ゴイサギ	春・秋	D		―
52		ササゴイ	春〜夏	C	上:要注	―
53		アカガシラサギ	迷鳥	F	平18年6月〜7月2羽 平19年6月〜7月1羽	―
54		アマサギ	春・秋	B		P71
55		アオサギ	1年中	A		P68
56		ムラサキサギ	迷鳥	F	昭58年11月1羽	P56
57		ダイサギ	1年中	A	亜種ダイサギ、 亜種チュウダイサギを含む	P69
58		チュウサギ	春・夏・秋	A	環:NT	P70
59		コサギ	1年中	B		P71
60	トキ科	ヘラサギ	迷鳥	F	昭61年10月1羽、 平22年11月2羽、環:DD	P56
62	ツル目・クイナ科	クイナ	秋	F	平18年11月	―
63		シロハラクイナ	迷鳥	F	平成17年6月1羽	P57
64		ヒクイナ	春・夏	F	平13年5月、環:NT、上:CR+EN	―
65		バン	春・夏・秋	A		P63
66		オオバン	秋・冬・春	A		P42
67	チドリ目・チドリ科	タゲリ	秋・冬	B		P78
68		ケリ	春・秋	C	環:DD	―
69		ムナグロ	春・秋	B		P77

83

No.	目・科	種	季節	観察頻度	備考	掲載ページ
70	チドリ目・チドリ科	ハジロコチドリ	春・秋	E		―
71		イカルチドリ	春・秋	B		―
72		コチドリ	春・夏	A		P78
73		メダイチドリ	春・秋	E		―
74	ミヤコドリ科	ミヤコドリ	秋・冬	F	平10年2月	―
75	セイタカシギ科	セイタカシギ	春・秋	C	環:VU	P78
76	シギ科	オオジシギ	春・秋	B	環:NT、上:VU	―
77		オオハシシギ	春・秋	F	平20年11月	―
78		タシギ	春・秋・冬	B		P77
79		オグロシギ	春・秋	D		―
80		チュウシャクシギ	春・秋	D		―
81		ツルシギ	春・秋	C	環:VU、上:NT	P76
82		コアオアシシギ	春・秋	E		―
83		アオアシシギ	春・秋	C		P76
84		クサシギ	春・秋	C		P75
85		タカブシギ	春・秋	B	環:VU	P75
86		ソリハシシギ	春・秋	D		―
87		イソシギ	春・秋・冬	C		P76
88		キョウジョシギ	春・秋	D		―
89		オバシギ	春・秋	E		―
90		コオバシギ	春・秋	E		―
91		トウネン	春・秋	A		P74
92		ヨーロッパトウネン	春・秋	F	平22年9月1羽	―
93		オジロトウネン	春・秋	D		―
94		ヒバリシギ	春・秋	C		P77
95		ウズラシギ	春・秋	C		―
96		サルハマシギ	春・秋	E		―
97		ハマシギ	春・秋	C	環:NT、上:要注	P75
98		キリアイ	春・秋	E		―
99		エリマキシギ	春・秋	E		―
100		アカエリヒレアシシギ	春・秋	E		―
101		ハイイロヒレアシシギ	春・秋	F	平18年12月13羽	―
102	レンカク科	レンカク	迷鳥	F	平26年7月～9月1羽	P57
103	カモメ科	ミツユビカモメ	迷鳥	F	平28年2月1羽	―

フィールドガイド 朝日池・鵜ノ池の野鳥

No.	目・科	種	季節	観察頻度	備考	掲載ページ
104	チドリ目 ・カモメ科	ユリカモメ	冬	B		P45
105		ズグロカモメ	迷鳥	F	平20年11月1羽、環:VU	P58
106		ウミネコ	冬	C		P45
107		カモメ	冬	D		—
108		セグロカモメ	冬	D		—
109		オオセグロカモメ	冬	D		—
110		オオアジサシ	秋	F	昭59年9月1羽、環:VU	—
111		コアジサシ	夏	F	環:VU、上:EW	—
112		アジサシ	春・秋	D		—
113		クロハラアジサシ	春・秋	C		P44
114		ハジロクロハラアジサシ	春・秋	D		—
115	タカ目・ミサゴ科	ミサゴ	1年中	B	環:NT、上:要注	P50
116	タカ科	ハチクマ	春・秋	B	渡りで上空通過、環:NT	—
117		トビ	1年中	A		P51
118		オジロワシ	冬	B	環:VU	P49
119		オオワシ	冬	E	環:VU	—
120		チュウヒ	秋・冬	B	環:EN、上:VU	P52
121		ハイイロチュウヒ	秋・冬	D		P52
122		ツミ	秋・冬・春	D		—
123		ハイタカ	秋・冬・春	C	環:NT	—
124		オオタカ	秋・冬・春	B	環:NT、上:要注	P53
125		サシバ	春・秋	B	渡りで上空通過、環:VU	—
126		ノスリ	秋・冬・春	B		P51
127		ケアシノスリ	秋・冬	E		—
128		イヌワシ	(冬)	F	移動途中通過、平27年1月、環:EN	—
129	ハヤブサ目 ・ハヤブサ科	チョウゲンボウ	秋・冬・春	C		P54
130		コチョウゲンボウ	秋・冬・春	B		P54
131		チゴハヤブサ	春・秋	D		—
132		ハヤブサ	秋・冬・春	B	環:VU	P53

（平成13年に山本・古川が作成したリストをもとに追加）

※観察できる頻度
 A（普通）　普通に観察できる
 B（普通少）普通に観察できるが数は少ない
 C（時々）　1～2年に1度くらいの頻度で観察できる
 D（時折）　数年に1度くらいの頻度で観察できる
 E（希）　　これまでに数回の観察記録はあるが希
 F:(ごく希)　これまでに1～2回の観察記録しかない

※レッドリストについて(環境省平成26年改訂、上越市平成23年発行)
 備考の環：環境省レッドリスト、上：上越市レッドリスト指定
 EW：野生絶滅
 CR：絶滅危惧IA類　　野生絶滅の危険性が極めて高い
 EN：絶滅危惧IB類　　IAほどではないが危険性が高い
 VU：絶滅危惧II類　　絶滅の危機が増大している
 NT：準絶滅危惧　　　現時点では絶滅の危険は小さいが危険
 DD：情報不足　　　　評価するだけの情報が不足している
 要注：要注意　　　　今後注意が必要とされる種（上越市のみ）

85

用語解説

フィールドガイド 朝日池・鵜ノ池の野鳥

1 亜種
同じ種の中でより細かく分類するときに用いる。(例)ヒシクイをさらに分類し、亜種オオヒシクイ、亜種ヒシクイに分ける。

2 個体数
鳥を数える際に、一羽の鳥を一個体という言い方をする。10羽ならば10個体と言う。

3 夏鳥
渡り鳥の中で、春に日本にやってきて夏にかけて繁殖し、秋に南の国へ渡っていく鳥。

4 冬鳥
渡り鳥の中で、秋に日本にやってきて越冬し、春に繁殖地である北国へ渡っていく鳥。

5 旅鳥
渡り鳥の中で、春と秋に日本を通過していく鳥。日本よりも北の国で繁殖し、南の国で冬を過ごす。

6 留鳥
渡りをせずに、一年中同じ地域にとどまっている鳥。

7 迷鳥
普段は観察できない鳥で、たまたま渡りのコースをはずれるなどして迷ってきた鳥。

8 繁殖期(はんしょくき)
鳥が繁殖する期間。多くの種は春から夏にかけて繁殖する。

9 求愛ディスプレイ
鳥が求愛のためにする行動。主にオスがメスに対して行う。美しい羽色を目立たせたり、首をふったり、お尻を上げたりするなど種ごとに様々な決まった動きがある。

10 夏羽
繁殖期である春から夏にかけての体を覆う羽。一般にはオスが派手な模様になる。

11 冬羽
繁殖期でない秋から冬にかけて体を覆う羽。一般には地味な模様になる。

12 生殖羽(せいしょくう)
普通は夏羽と同じ意味である。しかし、カモのオスは晩秋から冬にかけて繁殖のためのきれいな羽になるので、夏羽という言い方はせず、生殖羽と言う(繁殖羽とも言う)。

13 ホバリング
空中の一点に止まるようにする飛び方。尾羽を広げながら、翼を羽ばたきながら行う。魚などのえさをねらうときに行う。

14 幼鳥
おとなの羽を身にまとう以前の子どもの羽の段階の鳥をさす言葉。

15 成鳥
おとなの羽を身にまとった鳥をさす言葉。

16 擬態
攻撃や自衛のため、体の色や形などを周囲の物や動植物に似せること。

おわりに

　上越鳥の会は、昭和62年、今から29年前に設立した会です。会の目的は、単に鳥を見るだけでなく、上越地域の鳥類に関する調査活動を行い、それを公表して自然環境保全の契機とすることです。会が発足してから上越地方の鳥の初のカラーガイドである「雪国上越の鳥」（平成6年、郷土出版）、次いで四季折々に様々な表情を見せる上越の鳥たちの生活を記録した「雪国上越の鳥を見つめて」（平成20年、新潟日報事業社）を出版し、上越地域の小・中・高の各学校に配りました。この本の出版により、新潟県野鳥愛護会から平成22年に表彰状をいただきました。今回の「朝日池・鵜ノ池の野鳥」を出版したことで上越鳥の会は鳥に関する3冊の本を出版したことになります。この間、平成11年には上越市環境奨励賞、平成21年には上越市環境優秀賞を受賞するなど鳥を通して微力ながら上越市の文化に貢献してきました。これからも私たちの視点で上越の鳥にこだわっていこうと考えています。

　上越鳥の会の会員は、20数名います。会員の平均年齢は高いのですが、皆、鳥が大好きです。この本は、上越鳥の会の会員による現時点での観察記録の集大成と同時にこれからの朝日池・鵜ノ池の鳥の種組成、個体数をみていく出発点でもあります。鳥は環境の鏡です。鳥を通して上越の自然環境の過去、現在、未来を知るのが私たち、上越鳥の会の役目と考えています。

　本書を出版するに当たり、県立大潟水と森公園スタッフの皆様をはじめ様々な方にお世話になりました。またこの本の出版には第14回こしじ水と緑の会・朝日酒造自然保護助成基金のお世話になりました。

　最後に北越出版社長の佐藤和夫さんをはじめ、この本の作成に関わったすべての皆さんと朝日池・鵜ノ池の野鳥に感謝します。

　　　　　　　　　　　　　　　　　　　　　　執筆者一同

- ●編集委員
  中村雅彦(委員長)
  小堺則夫、曽我茂樹、山田雅晴、樺沢修司、今村美由紀、山本明

- ●執筆者
  今村美由紀、岡本寿信、大原淳一、樺沢修司、小堺則夫、後澤正知、
  曽我茂樹、古川弘、山田雅晴、山本明

- ●写真提供者
  今村美由紀(IM)、大原淳一(OJ)、金子俊彦(KT)、小堺則夫(KN)、
  略号のない写真はすべて曽我茂樹

- ●調査協力者
  池田裕一、石井桃子

- ●情報提供者
  金子俊彦、南波明夫、縄健治、田中敬三

- ●イラスト
  森光世

- ●参考文献

「検索入門 野鳥の図鑑 陸の鳥、水の鳥」	中村登流著 保育社(1986)
「大潟町史」	大潟町史編さん委員会編集 東京法令出版(1988)
「第6次鳥獣保護対策調査報告書I」	新潟県(1993)
「雪国・上越の鳥」	中村登流監修・上越鳥の会編著 郷土出版(1994)
「原色日本野鳥生態図鑑 水鳥編／陸鳥編」	中村登流・中村雅彦著 保育社(1995)
「鳥類学辞典」	山岸哲・森岡弘之・樋口広芳著 監修 昭和堂(2004)
「雪国上越の鳥をみつめて」	中村雅彦監修・上越鳥の会編著 新潟日報事業社(2008)
「上越市レッドデータブック」	上越市(2011)
「日本鳥類目録」改訂第7版	日本鳥学会(2012)
「ふるさと上越 大地の宝をたずねて」	「ふるさと上越」出版委員会編 上越タイムス社(2012)
「環境省レッドリスト2015」	環境省(2015)